BEI GRIN MACHT SICH IHR WISSEN BEZAHLT

- Wir veröffentlichen Ihre Hausarbeit, Bachelor- und Masterarbeit

- Ihr eigenes eBook und Buch - weltweit in allen wichtigen Shops

- Verdienen Sie an jedem Verkauf

Jetzt bei www.GRIN.com hochladen und kostenlos publizieren

Bibliografische Information der Deutschen Nationalbibliothek:

Die Deutsche Bibliothek verzeichnet diese Publikation in der Deutschen National-bibliografie; detaillierte bibliografische Daten sind im Internet über http://dnb.d-nb.de/ abrufbar.

Dieses Werk sowie alle darin enthaltenen einzelnen Beiträge und Abbildungen sind urheberrechtlich geschützt. Jede Verwertung, die nicht ausdrücklich vom Urheberrechtsschutz zugelassen ist, bedarf der vorherigen Zustimmung des Verla-ges. Das gilt insbesondere für Vervielfältigungen, Bearbeitungen, Übersetzungen, Mikroverfilmungen, Auswertungen durch Datenbanken und für die Einspeicherung und Verarbeitung in elektronische Systeme. Alle Rechte, auch die des auszugsweisen Nachdrucks, der fotomechanischen Wiedergabe (einschließlich Mikrokopie) sowie der Auswertung durch Datenbanken oder ähnliche Einrichtungen, vorbehalten.

Impressum:

Copyright © 2018 GRIN Verlag
Druck und Bindung: Books on Demand GmbH, Norderstedt Germany
ISBN: 9783346175625

Dieses Buch bei GRIN:

https://www.grin.com/document/541248

Franziska Summe

Aus der Reihe: e-fellows.net stipendiaten-wissen

e-fellows.net (Hrsg.)

Band 3416

Prinzipien zur Prämienkalkulation bei Versicherungen

GRIN Verlag

GRIN - Your knowledge has value

Der GRIN Verlag publiziert seit 1998 wissenschaftliche Arbeiten von Studenten, Hochschullehrern und anderen Akademikern als eBook und gedrucktes Buch. Die Verlagswebsite www.grin.com ist die ideale Plattform zur Veröffentlichung von Hausarbeiten, Abschlussarbeiten, wissenschaftlichen Aufsätzen, Dissertationen und Fachbüchern.

Besuchen Sie uns im Internet:

http://www.grin.com/

http://www.facebook.com/grincom

http://www.twitter.com/grin_com

Universität Osnabrück

Institut für Mathematik

Prinzipien zur Prämienkalkulation

Bachelorarbeit

vorgelegt von

Franziska Summe

Osnabrück, 20.Juni.2018

Inhaltsverzeichnis

1 Einleitung

Ein Versicherungsunternehmen trägt das Risiko des Versicherungsnehmers und begleicht auftretende Schäden. Als Gegenleistung zahlt der Versicherungsnehmer eine Prämie. Anhand von verschiedenen Prinzipien zur Prämienkalkulation lässt sich die Prämie berechnen. Ziel ist es ein Überblick über die Prinzipien zu vermitteln und die Eignung der einzelnen Prinzipien zur Prämienberechnung mittels ihrer Eigenschaften festzustellen.

Abschnitt 2 führt zunächst Grundbegriffe der Risikotheorie ein. Der 3. Abschnitt beschäftigt sich mit der Frage bei welcher Prämienhöhe der Ruin eines Versicherungsunternehmens eintritt und aus welchen Bestandteilen sich eine Prämie zusammensetzt. In Abschnitt 4 werden einige Prinzipien zur Prämienkalkulation vorgestellt und überprüft welche Eigenschaften sie erfüllen.

Als Literatur dienen die Bücher von Heilmann (1987), Bühlmann (1996), Deelstra und Plantin (2014), Gatto (2014) und Schmidt (2006) und das Vorlesungsskript von Reitzner (2017).

2 Einführung

Sei der Wahrscheinlichkeitsraum $(\Omega, \mathcal{A}, \mathbb{P})$ mit einem Zustandsraum $\Omega \neq \emptyset$, einer σ-Algebra $\mathcal{A}$ über Ω und einem Wahrscheinlichkeitsmaß $\mathbb{P} : \mathcal{A} \to [0, 1]$ ausgestattet. Für den Zustandsraum Ω gilt hier meistens, dass $\Omega \subset \mathbb{R}$ oder $\Omega \subset \mathbb{N}_0$ ist und die σ-Algebra ist die dazugehörige borelsche σ-Algebra.

Sei X eine Zufallsvariable, so wird ihre Verteilungsfunktion mit $F_X = \mathbb{P}(X \leq x)$ bezeichnet und $\mathbb{E}(X)$ steht für den Erwartungswert von X und $\mathbb{V}(X)$ für die Varianz von X. Die Standardabweichung von X wird mit $\sigma(X) = \sqrt{\mathbb{V}(X)}$ bezeichnet. Falls X stetig ist, sei $f(x)$ die Dichtefunktion mit $\int_{-\infty}^{\infty} f(x)\mathrm{d}x = 1$.

Zur späteren Anwendung werden die erzeugende, momenterzeugende und kumulantenerzeugende Funktionen mit ihren Eigenschaften eingeführt.

Definition 1: Sei $N : \Omega \to \mathbb{N}_0$ eine diskrete Zufallsvariable, dann ist ihre *erzeugende Funktion* durch

$$g_N(z) = \mathbb{E}(z^N) = \sum_{n=0}^{\infty} z^n \mathbb{P}(N = n)$$

mit $z \in \mathbb{C}, |z| \leq 1$ gegeben.

Für eine Zufallsvariable $X : \Omega \to \mathbb{R}$ heißt die Abbildung

$$\varphi_X(t) = \mathbb{E}(e^{tX}) = \begin{cases} \int_{-\infty}^{\infty} e^{tx} f(x)\mathrm{d}x, \text{ für X stetig} \\ \\ \sum_{n=0}^{\infty} e^{tn} \mathbb{P}(N = n), \text{ für X diskret} \end{cases}$$

momenterzeugende Funktion von X.

Die kumulantenerzeugende Funktion für eine Zufallsvariable $X : \Omega \to \mathbb{R}$ ist gegeben durch

$$\ln \varphi_X(t) = \ln \mathbb{E}(e^{tX}).$$

Ohne Beweis werden nun einige Eigenschaften der Funktionen aus Definition 1 aufgeführt.

Satz 2: *Es gilt für die erste Ableitung der erzeugenden Funktion $g_N(z)$*

$$g_N'(1) = \mathbb{E}(N) \text{ und } g_N''(1) = \mathbb{E}(N^2) - \mathbb{E}(N).$$

Für die n-te Ableitung der momenterzeugende Funktion $\varphi_X(t)$ gilt

$$\varphi_X^{(n)}(0) = \mathbb{E}(X^n).$$

Die Ableitungen der kumulantenerzeugenden Funktion besitzen die Eigenschaften

$$(\ln \varphi_X)'(0) = \mathbb{E}(X), \quad (\ln \varphi_X)''(0) = \mathbb{V}(X) \text{ und } (\ln \varphi_X)'''(0) = \mathbb{E}((X - \mathbb{E}X)^3).$$

Satz 3: *$X_1, \ldots, X_N$ seien identisch verteilt und X_1 unabhängig von N. Für*

$$S = \sum_{i=1}^{N} X_i$$

mit der erzeugenden Funktion $g_N(z)$ und der momenterzeugenden Funktion $\varphi_{X_1}(t)$ gilt

$$\varphi_S(t) = g_N(\varphi_{X_1}(t)).$$

2.1 Risiko und Schadenverteilungen

Das Versicherungsunternehmen begleicht durch die Prämie die Kosten, die bei einem Schadenfall auftreten. Die *Versicherungsprämie* ist der Preis eines Versicherungsproduktes und richtet sich nach der Höhe des versicherten Risikos beziehungsweise nach dem Gegenstand der Versicherung. Für eine genauere Beschreibung der Versicherungsprämie werden zunächst einige Grundlagen eingeführt.

Das versicherte *Risiko* wird definiert als Familie $R = (X_i)_{i \in \{1, \ldots, N\}}$ von Zufallsvariablen $X_i \geq 0$, wobei $N \in \mathbb{N}_0$ die zufällige Anzahl von Schäden und X_i die Schadenhöhe ist. Jedes Risiko R_j entspricht hier einer Versicherungspolice, dem Vertrag über einen Versicherungsabschluss. Es wird nachfolgend angenommen, dass ein Versicherungsnehmer nur einen Vertrag abgeschlossen hat. In einem *Portefeuille* oder *Kollektiv* $K = \{R_j : j = 1, \ldots, n\}$ ist ein bestimmtes Teilsegment oder die Gesamtheit von Versicherungspolicen eines Versicherungsunternehmens enthalten.

Der auftretende Schadenverlauf wird in Anzahl und Höhe der Schäden an Wahrscheinlichkeitsverteilungen angepasst. Die im Allgemeinen kontinuierliche Schadenhöhenverteilung kann durch absolut stetige Verteilungen und die Schadenanzahlverteilung durch diskrete Verteilungen beschrieben werden.

Die Schadenhöhenverteilung sollte eine Verteilung auf $\mathbb{R}_{\geq 0}$ sein, da keine negativen Schadenhöhen angenommen werden. Aus diesem Grund ist beispielsweise die Normalverteilung ungeeignet. Unter anderem sind folgende Verteilungen denkbar:

i) Die *Beta-Verteilung* $Beta(\alpha, \beta)$ mit der Wahrscheinlichkeitsdichte

$$f(x) = \frac{1}{B(\alpha, \beta)} x^{\alpha - 1} (1 - x)^{\beta - 1}$$

wird aufgrund der hohen Wahrscheinlichkeit für Schäden von mittlerer Höhe häufig verwendet. Die Betafunktion ist gegeben durch

$$B(\alpha, \beta) = \int_0^1 x^{\alpha-1}(1-x)^{\beta-1}\mathrm{d}x$$

und für Erwartungswert und Varianz gilt

$$\mathbb{E}(X) = \frac{\alpha}{\alpha + \beta} \text{ und } \mathbb{V}(X) = \frac{\alpha\beta}{(\alpha + \beta + 1)(\alpha + \beta)^2}.$$

ii) Die Dichte $f(x)$ und die Verteilungsfunktion $F_X(x)$ der *Exponentialverteilung* $Exp(\beta)$ sind

$$f(x) = \beta\mathrm{e}^{-\beta x} \text{ und } F_X(x) = 1 - \mathrm{e}^{-\beta x}$$

mit $X \in \mathbb{R}_{\geq 0}$. Die Exponentialverteilung mit dem Erwartungswert und der Varianz

$$\mathbb{E}(X) = \frac{1}{\beta} \text{ und } \mathbb{V}(X) = \frac{1}{\beta^2}$$

ist besonders für kleine Schäden geeignet.

iii) Die Pareto-Verteilung $Par(\alpha, \lambda)$ findet bei Großschäden Anwendung, da die Verteilung für sehr große Werte noch wahrnehmbare Wahrscheinlichkeiten liefert. Die Dichte ist gegeben durch

$$f(x) = \frac{\alpha\lambda^\alpha}{(\lambda + x)^{\alpha+1}}$$

und die Verteilungsfunktion mit

$$F_X(x) = 1 - \left(\frac{\lambda}{x}\right)^\alpha$$

für $X \in \mathbb{R}_{\geq 0}, \alpha > 0$. Nur für $\alpha > 1$ existiert der Erwartungswert

$$\mathbb{E}(X) = \frac{\lambda}{\alpha - 1}.$$

Die Varianz

$$\mathbb{V}(X) = \frac{\alpha\lambda^2}{(\alpha - 1)^2(\alpha - 2)}$$

existiert nur für $\alpha > 2$.

$N(a, b)$ sei die Schadenanzahl in einem Zeitraum $(a, b]$ und $\mathbb{P}(N(a, b))$ eine *Schadenanzahlverteilung*. Folgenden Eigenschaften charakterisieren diese Verteilung:
i) Für gleichlange Intervalle gilt Zeitinvarianz

$$\mathbb{P}(N(a, b) = k) = \mathbb{P}(N(a + t, b + t) = k) \; \forall t \in \mathbb{R}.$$

ii) Es gilt Nachwirkungsfreiheit

$$\mathbb{P}(N(a, b) = k, N(c, d) = l) = \mathbb{P}(N(a, b) = k)\mathbb{P}(N(c, d) = l)$$

für $(a, b]$ und $(c, d]$ disjunkt.

iii) Es treten keine zwei oder mehr Schäden gleichzeitig auf, dass heißt

$$\lim_{t \to 0} \frac{\mathbb{P}(N(a, a + \Delta t) \geq 2)}{\Delta t} \longrightarrow 0.$$

Für die Schadenanzahlverteilung eignet sich besonders die Poissonverteilung $\pi(\lambda)$ mit

$$\mathbb{P}(N = k) = e^{-\lambda} \frac{\lambda^k}{k!},$$

da diese durch die aufgeführten Eigenschaften charakterisiert wird. λ nennt man auch den Strukturparameter und durch ihn lässt sich die Risikostruktur eines Versicherungsnehmers oder eines Kollektivs beschreiben. Für jedes Risiko R_j existiert ein meist unbekannter Strukturparameter λ_j. Beispielsweise ist der erwartete Schaden bei jedem Autofahrer verschieden, daher sind auch alle λ_j unterschiedlich.

2.2 Gesamtschaden-Modelle

Für die Modellierung des Gesamtschadens wird das individuelle oder kollektive Modell herangezogen. Das individuelle Modell entspricht der konkreten und natürlichen Gestaltung, da sich der Gesamtschaden aus Einzelschäden der Versicherungsnehmer, also den versicherten Risiken, zusammensetzt. Die Einzelschadenhöhe ist null oder echt positiv. Im kollektiven Modell werden nur die Schäden mit echt positiver Höhe betrachtet. Daher wird nicht über die Anzahl der Risiken summiert, sondern über die zufällige Anzahl der Schäden in einem Portefeuille.

Individuelles Modell
In einem Portefeuille seien $n \in \mathbb{N}$ Versicherungspolicen. Ein Vertrag entspricht jeweils einem versicherten Risiko R_i für $i = 1, \ldots, n$. Die Zufallsvariable $\overline{X_i}$ mit der Verteilung $F_{\overline{X_i}}$ für $i = 1, \ldots, n$ und Werten in $\mathbb{R}_{\geq 0}$ beschreibt den Schadenbedarf, also die Schäden eines Versicherungsnehmers. Die $\overline{X_i}$ sind unabhängig, jedoch im Allgemeinen nicht identisch verteilt. Denn beispielsweise hat jeder Versicherungsnehmer ein unterschiedlich hohes Risiko einen Autounfall zu verursachen. Somit ist der Gesamtschaden durch die Zufallsvariable

$$S = \sum_{i=1}^{n} \overline{X_i}$$

mit der Verteilung $F_S := F_{\overline{X_1}} * \cdots * F_{\overline{X_n}}$ gegeben. Da die Berechnung der Verteilung von S in der Regel sehr schwierig ist, wird das individuelle Modell zum Beispiel durch das etwas einfachere kollektive Modell ersetzt.

Kollektives Modell
Die zufällige Anzahl der echt positiven Schäden, die in einem Portefeuille auftreten, sei durch die Zufallsvariable $N \in \mathbb{N}_0$ beschrieben. Die Folge von Zufallsvariablen $(X_i)_{i \in \mathbb{N}}$ sind unabhängig identisch verteilt und unabhängig von N. Jedes X_i gibt die zufällige Schadenhöhen wieder und nimmt Werte in $\mathbb{R}_{>0}$ an. Die identische Verteilung ist in einem homogenen Portefeuille insofern sinnvoll, da die Höhe des Schadens nicht mehr einem versicherten Risiko zugeordnet ist, sondern lediglich einem Schadenereignis. Bei

einem homogenen Portefeuille ist ein Schaden von bestimmter Höhe für alle Versicherten gleich wahrscheinlich. In der Praxis ist eine Unabhängigkeit von X_i und N nicht zwangsläufig erfüllt, da zum Beispiel bei Extremwetterereignissen ein Zusammenhang zwischen den Schadenhöhen und der Schadenanzahl erkennbar ist. Der Gesamtschaden im kollektiven Modell ist durch

$$S = \sum_{i=1}^{N} X_i$$

und die Verteilung ist durch

$$F_S(x) = \mathbb{P}(S \leq x) = \sum_{n=0}^{\infty} \mathbb{P}(N = n) \mathbb{P}\left(\sum_{i=1}^{n} X_i \leq x\right)$$

gegeben.

Mit Hilfe der Wald'schen Gleichungen lassen sich Erwartungswert und Varianz des Gesamtschadens im kollektiven Modell berechnen.

Satz 4: *(Spezialfall der Wald'sche Gleichungen) Sei $\mathbb{E}(N) < \infty$ und seien X_i mit $i \in \mathbb{N}$ identisch verteilt und X_1 unabhängig von N. Dann gilt mit*

$$S = \sum_{i=1}^{N} X_i$$

für den Erwartungswert und die Varianz von S

$$\mathbb{E}(S) = \mathbb{E}(N)\mathbb{E}(X_1)$$

und

$$\mathbb{V}(S) = (\mathbb{E}(X_1))^2 \mathbb{V}(N) + \mathbb{E}(N)\mathbb{V}(X_1).$$

Beweis: Sei $g_N(z)$ die erzeugende Funktion von N und $\varphi_{X_1}(t)$ die momenterzeugende Funktion von X_1, dann gilt mit Satz 2 und 3

$$\mathbb{E}(S) = \varphi'_S(0) = (g_N(\varphi_{X_1}(0)))' = g'_N(\varphi_{X_1}(0))\varphi'_{X_1}(0)$$
$$= g'_N(1)\varphi'_{X_1}(0) = \mathbb{E}(N)\mathbb{E}(X_1).$$

Für die Varianz von S folgt ebenfalls mit Satz 2 und 3

$$\mathbb{V}(S) = \mathbb{E}(S^2) - (\mathbb{E}(S))^2 = \varphi''_S(0) - (\mathbb{E}(N)\mathbb{E}(X_1))^2$$
$$= (g_N(\varphi_{X_1}(0)))'' - (\mathbb{E}(N))^2(\mathbb{E}(X_1))^2$$
$$= (g'_N(\varphi_{X_1}(0))\varphi'_{X_1}(0))' - (\mathbb{E}(N))^2(\mathbb{E}(X_1))^2$$
$$= g''_N(1)(\varphi'_{X_1}(0))^2 + g'_N(1)\varphi''_{X_1}(0) - (\mathbb{E}(N))^2(\mathbb{E}(X_1))^2$$
$$= (\mathbb{E}(N^2) - \mathbb{E}(N))(\mathbb{E}(X_1))^2 + \mathbb{E}(N)\mathbb{E}(X_1^2) - (\mathbb{E}(N))^2(\mathbb{E}(X_1))^2$$
$$= (\mathbb{E}(X_1))^2(\mathbb{E}(N^2) - (\mathbb{E}(N))^2) + \mathbb{E}(N)(\mathbb{E}(X_1^2) - (\mathbb{E}(X_1))^2)$$
$$= (\mathbb{E}(X_1))^2 \mathbb{V}(N) + \mathbb{E}(N)\mathbb{V}(X_1)$$

und damit die Behauptung. $\square$

3 Prämienkalkulation

Die Prämienkalkulation dient der Bestimmung der Kompensation beziehungsweise eines angemessenen Preises für die Risikoübernahme. Zunächst wird mit Hilfe der Ruintheorie die Frage geklärt von welcher Beschaffenheit eine Prämie sein sollte und ein Überblick über die Bestandteile einer Prämie gegeben. Außerdem wird auf die Unterschiede einer individuellen und einer kollektiven Prämie eingegangen, bevor in Abschnitt 4 einzelne Prinzipien zur Prämienkalkulation näher erläutert werden.

3.1 Ruintheorie

Ein Versicherungsunternehmen verfügt über eine finanzielle Reserve, dem Eigenkapital, mit dem Risiken der Versicherungsnehmer übernommen werden. Die Reserve erhält deterministische Zuwächse in Form von Prämien, die in der Abbildung 1 als linear angenommen werden. Tritt ein zufälliger Schaden ein, so folgt daraus eine Minderung des Kapitals des Versicherungsunternehmens. Ruin bezeichnet das Ereignis von einer negativen Reserve. Ein beispielhafter Verlauf eines Risikoprozesses ist in der Abbildung 1 dargestellt. Der Zusammenhang von dem Ereignis des Ruins und der Höhe der Prämie wird im Folgenden behandelt.

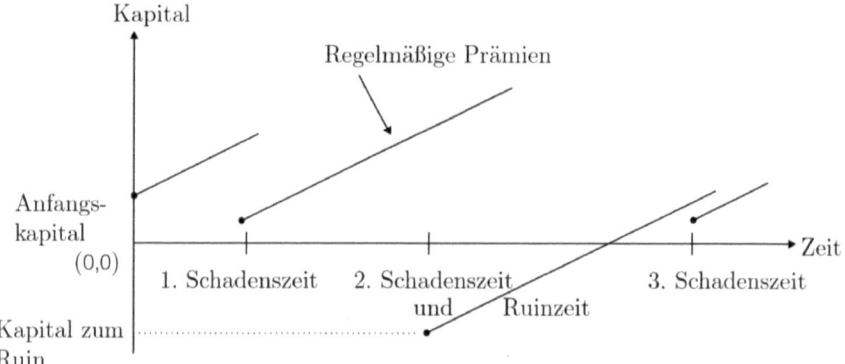

Abbildung 1: Verlauf eines Risikoprozesses mit regelmäßigem Zufluss und unregelmäßigen Abfluss aus Gatto (2014)

Zu Jahresbeginn entrichten die Versicherungsnehmer jährlich Prämien der Höhe $\pi_t = \pi$. Die Prämie entspricht in diesem Abschnitt den aufsummierten Prämien aller Versicherungsnehmer in einem Jahr. Die entstanden Schäden im Jahr t der Höhe

$$S_t = \sum_{i=1}^{N(t)} X_{i(t)}$$

zahlt das Versicherungsunternehmen am Jahresende. Je nachdem ob die Einnahmen oder Ausgaben des Unternehmens in einem Jahr überwiegen, steigt oder fällt das Eigenkapital. Die Reserve für $t = 0$ wird mit s bezeichnet und die Verzinsung bleibt unberücksichtigt.

Definition 5: Die *Ruinwahrscheinlichkeit im Zeitpunkt* T ist gegeben durch

$$\psi_T(s) := \mathbb{P}\left(s + \sum_{\tau=1}^{t}\pi_\tau - \sum_{\tau=1}^{t}S_\tau < 0 \text{ für ein } t \in \{1, \dots, T\}\right).$$

$\psi_T(s)$ beschreibt die Wahrscheinlichkeit, dass innerhalb von T Jahren das Ereignis des Ruins eintritt.

$$\psi_\infty(s) := \mathbb{P}\left(s + \sum_{\tau=1}^{t}\pi_\tau - \sum_{\tau=1}^{t}S_\tau < 0 \text{ für ein } t \in \mathbb{N}\right)$$

beschreibt die *Ruinwahrscheinlichkeit für den unendlichen Zeithorizont* und es gilt $\psi_T(s) \leq \psi_\infty(s)$.

Satz 6: *Seien die Jahresgesamtschäden S_t für $t \in \mathbb{N}$ unabhängig und identisch verteilt, dann gilt:*

i) $\mathbb{E}(S_t) > \pi_t \Rightarrow \psi_\infty(s) = 1 \; \forall s$

ii) $\mathbb{E}(S_t) = \pi_t$ *und* $\mathbb{V}(S_t) > 0 \Rightarrow \psi_\infty(s) = 1 \; \forall s.$

Beweis: i) Durch die Definition der Zufallsvariable

$$X_t := \sum_{\tau=1}^{t}S_\tau - \sum_{\tau=1}^{t}\pi_\tau = \sum_{\tau=1}^{t}S_\tau - \pi_\tau = \sum_{\tau=1}^{t}\tilde{S}_\tau$$

gilt

$$\psi_\infty(s) = \mathbb{P}\left(s + \sum_{\tau=1}^{t}\pi_\tau - \sum_{\tau=1}^{t}S_\tau < 0 \text{ für ein } t \in \mathbb{N}\right) = \mathbb{P}\left(s - X_t < 0 \text{ für ein } t \in \mathbb{N}\right).$$

$\tilde{S}_t$ ist unkorreliert, da S_t und $\pi_t = \pi$ nach Voraussetzung unabhängig sind. Mit dem Gesetz der großen Zahlen folgt

$$\frac{1}{t}\sum_{\tau=1}^{t}\tilde{S}_\tau \longrightarrow \frac{1}{t}\sum_{\tau=1}^{t}\mathbb{E}(\tilde{S}_\tau)$$

in Wahrscheinlichkeit für $t \to \infty$. Somit gilt auch

$$\frac{X_t}{t} \overset{t\to\infty}{\longrightarrow} \mathbb{E}(\tilde{S}_\tau) > 0 \;\Rightarrow\; X_t \overset{t\to\infty}{\longrightarrow} \infty$$

und es ergibt sich

$$\psi_\infty(s) = \mathbb{P}\left(s - X_t < 0 \text{ für ein } t \in \mathbb{N}\right) = \mathbb{P}\left(s < X_t \text{ für ein } t \in \mathbb{N}\right) = 1 \; \forall s.$$

ii) Mit den Voraussetzungen $\mathbb{V}(S_t) > 0$ und $\mathbb{E}(S_t) = \pi_t = \pi$ lässt sich die Ruinwahrscheinlichkeit $\psi_\infty(s)$ schreiben als

$$\psi_\infty(s) = \mathbb{P}\left(s + \sum_{\tau=1}^{t}\pi_\tau - \sum_{\tau=1}^{t}S_\tau < 0 \text{ für ein } t \in \mathbb{N}\right)$$

$$= \mathbb{P}\left(\sum_{\tau=1}^{t}S_\tau - t\mathbb{E}(S_1) > s \text{ für ein } t \in \mathbb{N}\right)$$

$$= \mathbb{P}\left(\frac{\sum_{\tau=1}^{t}S_\tau - t\mathbb{E}(S_1)}{\sqrt{t\mathbb{V}(S_1)}\sqrt{2\ln\ln t}} > \frac{s}{\sqrt{t\mathbb{V}(S_1)}\sqrt{2\ln\ln t}} \text{ für ein } t \in \mathbb{N}\right)$$

und mit dem Satz vom iterierten Logarithmus gilt

$$\limsup_{t \to \infty} \frac{\sum_{\tau=1}^{t} S_\tau - t\mathbb{E}(S_1)}{\sqrt{t\mathbb{V}(S_1)}\sqrt{2\ln\ln t}} = 1$$

fast überall. Damit übersteigt $\sum_{\tau=1}^{t} S_\tau - t\mathbb{E}(S_1)$ die Reserve s unendlich oft und es folgt

$$\psi_\infty(s) = \mathbb{P}\left(\frac{\sum_{\tau=1}^{t} S_\tau - t\mathbb{E}(S_1)}{\sqrt{t\mathbb{V}(S_1)}\sqrt{2\ln\ln t}} > \frac{s}{\sqrt{t\mathbb{V}(S_1)}\sqrt{2\ln\ln t}} \text{ für ein } t \in \mathbb{N}\right) = 1.$$

$\square$

Satz 6 zeigt, dass die Prämie π_t größer als der Erwartungswert der Schäden $\mathbb{E}(S_t)$ sein muss, sonst tritt mit einer Wahrscheinlichkeit von Eins der Ruin des Unternehmens ein. Ein *Sicherheitszuschlag* $Z = \pi_t - \mathbb{E}(S_t) \in \mathbb{R}_{>0}$ ist somit notwendig.

3.2 Bestandteile einer Prämie

Eine *Risikoprämie* wird so kalkuliert, dass sie nur die reine Risikoübernahme ausgleicht, weitere Kosten, die dem Versicherungsunternehmen entstehen und ein Gewinnzuschlag werden nicht berücksichtigt. Die *Nettorisikoprämie* wird nach dem *versicherungstechnischen Äquivalenzprinzip* oder auch *Nettorisikoprinzip* bestimmt. Das Äquivalenzprinzip fordert, dass die Prämienzahlung gleichwertig zu dem Erwartungswert der Schäden ist. Die Nettorisikoprämie richtet sich demzufolge nach dem Erwartungswert des Schadenbedarfs beziehungsweise der Schadenaufwendung. Die Bestandteile der *Bruttorisikoprämie* sind der oben erwähnte Sicherheitszuschlag sowie die Nettorisikoprämie. Die eigentliche *Bruttoprämie* setzt sich aus der Bruttorisikoprämie und einem Kosten- und Gewinnzuschlag zusammen. Nachfolgend wird lediglich die Risikoprämie betrachtet und der Kosten- und Gewinnzuschlag vernachlässigt.

Der Sicherheitszuschlag je Risiko lässt sich beispielsweise durch die Ungleichung von Cantelli bestimmen. Sei die Prämie $\pi(\overline{X}) = \mathbb{E}(\overline{X}) + Z$, wobei die Schadenhöhe $\overline{X}$ ein Repräsentant eines der $\overline{X}_1, \ldots, \overline{X}_n$ im individuellen Gesamtschadenmodell ist. Z ist der deterministische Sicherheitszuschlag. Dann lässt sich die Wahrscheinlichkeit eines Verlustes abschätzen durch

$$\mathbb{P}\left(S - \sum_{i=1}^{n} \pi(\overline{X}) \geq 0\right) \leq \epsilon.$$

Es gilt mit der Ungleichung von Cantelli

$$\mathbb{P}\left(S - \sum_{i=1}^{n} \pi(\overline{X}) \geq 0\right) \leq \epsilon = \mathbb{P}\left(\sum_{i=1}^{n} \overline{X}_i - n\mathbb{E}(\overline{X}) - nZ \geq 0\right)$$

$$\leq \mathbb{P}\left(\left|\sum_{i=1}^{n} \overline{X}_i - n\mathbb{E}(\overline{X})\right| \geq nZ\right) \leq \frac{\mathbb{V}(\sum_{i=1}^{n} \overline{X}_i)}{(nZ)^2 + \mathbb{V}(\sum_{i=1}^{n} \overline{X}_i)} = \epsilon.$$

Dies führt auf den Sicherheitszuschlag

$$Z = \sqrt{\frac{\epsilon^{-1}}{n}\mathbb{V}(\overline{X}) - \frac{1}{n}\mathbb{V}(\overline{X})}.$$

3.3 Kollektive und individuelle Prämie

Aufgrund der Daten der statistischen Beobachtungen der vorangegangen Jahre, lässt sich annehmen, dass die kollektive Prämie bekannt ist. Die kollektive Prämie ist die Kollektivprämie geteilt durch die Anzahl aller Versicherungsnehmer eines Kollektivs. Ein typisches Problem bei der Berechnung der Prämie ist jedoch die Kalkulation der individuellen Prämie für ein Risiko. Die individuelle Prämie ist die faire Prämie, die pro Vertrag fällig wäre. Meist ist es aber unmöglich diese Prämie zu berechnen, da für einen einzelnen Versicherungsvertrag keine ausreichende Datengrundlage vorhanden ist. In zwei Fällen ist eine Berechnung der individuellen Prämie dennoch möglich:

i) Bei einem homogenen Portefeuille stimmen kollektive und individuelle Prämie überein.

ii) Wenn der Schadenverlauf eines Versicherungsnehmers über einen langen Zeitraum betrachtet werden kann und die Bedingungen gleichbleibend sind. Damit ist zum Beispiel gemeint, dass sich die durchschnittliche Schadenanzahl und Schadenhöhe durch technische Weiterentwicklung und teurere Ersatzteile nicht grundsätzlich ändern. In diesem Fall lässt sich die individuelle Prämie durch die gesammelten Daten kalkulieren.

4 Prinzipien zur Prämienkalkulation

Die theoretische Betrachtung im Folgenden bemüht sich um die Berechnung einer individuellen Prämie mit Hilfe verschiedener Prämienprinzipien. Außerdem werden die Eigenschaften der beispielhaften Prinzipien untersucht.

Definition 7: Der Schadenbedarf beziehungsweise das Risiko sei durch die Zufallsvariable $\overline{X}_i \in \mathcal{X} := \{\overline{X}_i | \overline{X}_i \geq 0\}$ mit der Verteilung $F_{\overline{X}_i}$ beschrieben. Ein *Prämienprinzip* ist ein Funktional

$$H : \mathcal{X}' \longrightarrow \mathbb{R}_{\geq 0}$$
$$\overline{X}_i \longmapsto H(\overline{X}_i) = \pi(\overline{X}_i)$$

mit $\mathcal{X}' \subset \mathcal{X}$. Außerdem hänge H nur von der Verteilung von $\overline{X}_i$ ab, das heißt für $\overline{X}_i, \overline{X}_k \in \mathcal{X}'$ und $F_{\overline{X}_i} = F_{\overline{X}_k}$ folgt $H(\overline{X}_i) = H(\overline{X}_k)$.

Ein Prämienprinzip H ordnet jedem Risiko $\overline{X}_i$ eine Prämie $\pi(\overline{X}_i)$ zu. Dabei steht $\overline{X}_i$ hier als Repräsentant für ein Vertrag im Portefeuille. Mögliche Prinzipien zur Prämienkalkulation und wünschenswerte Eigenschaften werden nachfolgend vorgestellt.

4.1 Eigenschaften von Prämienprinzipien

Eine *versicherbare* Prämie liegt vor, falls für das Prämienprinzip $H(\overline{X}_i) = \pi(\overline{X}_i) < \infty$ gilt. Für die Teilmenge $\mathcal{X}' \subset \mathcal{X}$ mit $\overline{X}_i \in \mathcal{X}$ soll dies stets erfüllt sein.

Definition 8: Ein Prämienprinzip H heißt

i) *erwartungswertübersteigend*, falls

$$\pi(\overline{X}_i) > \mathbb{E}(\overline{X}_i)$$

für alle $\overline{X}_i \in \mathcal{X}'$ gilt.

ii) *maximalschadenbegrenzt*, falls

$$\pi(\overline{X}_i) \leq x_{max} = \inf\{x \in \mathbb{R} | F_{\overline{X}_i}(x) = 1\} \in \mathbb{R} \cup \{\infty\}$$

für alle $\overline{X}_i \in \mathcal{X}'$ gilt.

iii) *translationsinvariant*, falls für $c \in \mathbb{R}_{>0}$ und $\overline{X}_i \in \mathcal{X}'$ gilt, dass

$$\pi(\overline{X}_i + c) = \pi(\overline{X}_i) + c$$

und $\overline{X}_i + c \in \mathcal{X}'$.

iv) *homogen*, falls für $k \in \mathbb{R}_{>0}$ und $\overline{X}_i \in \mathcal{X}'$ gilt, dass

$$\pi(k\overline{X}_i) = k\pi(\overline{X}_i)$$

und $k\overline{X}_i \in \mathcal{X}'$.

v) *additiv*, falls für $\overline{X}_i, \overline{X}_k$ unabhängig und $\overline{X}_i, \overline{X}_k \in \mathcal{X}'$ gilt, dass

$$\pi(\overline{X}_i + \overline{X}_k) = \pi(\overline{X}_i) + \pi(\overline{X}_k)$$

und $\overline{X}_i + \overline{X}_k \in \mathcal{X}'$.

vi) *subadditiv*, falls für $\overline{X}_i, \overline{X}_k$ unabhängig und $\overline{X}_i, \overline{X}_k \in \mathcal{X}'$ gilt, dass

$$\pi(\overline{X}_i + \overline{X}_k) \leq \pi(\overline{X}_i) + \pi(\overline{X}_k)$$

und $\overline{X}_i + \overline{X}_k \in \mathcal{X}'$.

vii) *ordnungserhaltend*, falls

$$\pi(\overline{X}_i) \leq \pi(\overline{X}_k)$$

für alle $\overline{X}_i, \overline{X}_k \in \mathcal{X}'$ mit $\overline{X}_i \leq_{st} \overline{X}_k$, das heißt $\mathbb{P}(\overline{X}_i \leq x) \geq \mathbb{P}(\overline{X}_k \leq x)$, gilt.

Geht man von einem Kollektiv mit nur einem Vertrag aus, so tritt mit Satz 6 der Ruin ein, wenn die Prämie nicht erwartungswertübersteigend ist. Daher ist die Erfüllung dieser Eigenschaft sehr wichtig. Ein Prämienprinzip sollte translationsinvariant sein, da eine nicht risikoabhängige Erhöhung nicht die Risikoprämie beeinflussen sollte. Ein stochastisch dominantes Risiko ist gefährlicher, da mit größerer Wahrscheinlichkeit höhere Werte angenommen werden, daher sollte die Prämie von der stochastischen Ordnung abhängig sein. Bei einer Änderung des Risikos um einen konstanten Faktor sollte sich diese Änderung auch in der Prämie um den gleichen Faktor widerspiegeln, damit die Unabhängigkeit von Währungseinheit und Prämie gegeben ist. Die Maximalschadenbegrenztheit sichert eine angemessene Prämie zu, da eine Versicherungsabschluss andernfalls keinen Nutzen für den Versicherungsnehmer hat. Die Additivität bedeutet,

dass die Prämie gleich bleibt, unabhängig davon, ob die Risiken aufgespalten oder zusammengefasst werden. Aber es ist eher nachteilig für den Versicherungsnehmer zwei Risiken aufzuspalten, falls die Subadditivität erfüllt ist.
Prämienprinzipien können bis zu einem gewissen Grad über die Erfüllung oder Nichterfüllung wünschenswerter Eigenschaften bewertet werden. Eine ausschließliche Beurteilung anhand der Eigenschaften ist jedoch nicht möglich, wie am Beispiel der Nettorisikoprämie deutlich wird.

4.2 Beispiele für Prämienprinzipien

4.2.1 Nettorisikoprinzip

Definition 9: Ein Prämienprinzip $\pi(\overline{X}_i)$, welches aus dem versicherungstechnischen Äquivalenzprinzip resultiert, mit

$$\pi(\overline{X}_i) := \mathbb{E}(\overline{X}_i)$$

und $\overline{X}_i \in \mathcal{X}' := \{\overline{X}_i | \mathbb{E}(\overline{X}_i) < \infty\}$ heißt *Nettorisikoprinzip*.

Die Betrachtung der Eigenschaften des Nettorisikoprinzips ergibt:

i) Definitionsgemäß gilt

$$\pi(\overline{X}_i) \not> \mathbb{E}(\overline{X}_i)$$

für alle $\overline{X}_i \in \mathcal{X}'$, damit ist das Nettorisikoprinzip nicht erwartungswertübersteigend.

ii) Es gilt $\overline{X}_i \leq x_{max}$, da x_{max} der maximale Wert ist den ein Schaden annehmen kann. Daraus folgt

$$\mathbb{E}(\overline{X}_i) \leq \mathbb{E}(x_{max}) = x_{max}.$$

Somit gilt $\mathbb{E}(\overline{X}_i) = \pi(\overline{X}_i) \leq x_{max}$, also ist das Nettorisikoprinzip maximalschadenbegrenzt.

iii) Die Translationsinvarianz des Nettorisikoprinzips folgt aus

$$\pi(\overline{X}_i + c) = \mathbb{E}(\overline{X}_i + c) = \mathbb{E}(\overline{X}_i) + c = \pi(\overline{X}_i) + c.$$

iv) Es gilt mit der Linearität des Erwartungswertes

$$\pi(k\overline{X}_i) = \mathbb{E}(k\overline{X}_i) = k\mathbb{E}(\overline{X}_i) = k\pi(\overline{X}_i),$$

somit ist die Nettorisikoprämie homogen.

v) Mit der Linearität des Erwartungswertes gilt

$$\pi(\overline{X}_i + \overline{X}_k) = \mathbb{E}(\overline{X}_i + \overline{X}_k) = \mathbb{E}(\overline{X}_i) + \mathbb{E}(\overline{X}_k) = \pi(\overline{X}_i) + \pi(\overline{X}_k),$$

somit ist die Nettorisikoprämie additiv.

vi) Die Linearität des Erwartungswertes liefert insbesondere

$$\pi(\overline{X}_i + \overline{X}_k) = \mathbb{E}(\overline{X}_i + \overline{X}_k) \leq \mathbb{E}(\overline{X}_i) + \mathbb{E}(\overline{X}_k) = \pi(\overline{X}_i) + \pi(\overline{X}_k),$$

daraus ergibt sich, dass die Nettorisikoprämie subadditiv ist.

vii) Es gilt mit der Monotonie des Integrals

$$\mathbb{P}(\overline{X}_i \leq x) \geq \mathbb{P}(\overline{X}_k \leq x)$$
$$\Leftrightarrow 1 - \mathbb{P}(\overline{X}_k \leq x) \geq 1 - \mathbb{P}(\overline{X}_i \leq x)$$
$$\Leftrightarrow 1 - F_{\overline{X}_k}(x) \geq 1 - F_{\overline{X}_i}(x)$$
$$\Rightarrow \int_0^\infty 1 - F_{\overline{X}_k}(x)\mathrm{d}x \geq \int_0^\infty 1 - F_{\overline{X}_i}(x)\mathrm{d}x$$
$$\Leftrightarrow \mathbb{E}(\overline{X}_k) \geq \mathbb{E}(\overline{X}_i)$$
$$\Leftrightarrow \pi(\overline{X}_i) \leq \pi(\overline{X}_k).$$

Das Nettorisikoprinzip ist damit ordnungserhaltend.

Zusammenfassend erfüllt das Nettorisikoprinzip fast alle Eigenschaften, nur ist es nicht erwartungswertübersteigend. Die Erfüllung vieler Eigenschaften spricht intuitiv für eine hohe Güte eines Prinzips. Doch aufgrund der Verletzung der Übersteigerung des Erwartungswertes als wichtigstes Kriterium ist das Nettorisikoprinzip zur Prämienkalkulation nicht empfehlenswert.

4.2.2 Erwartungswertprinzip

Definition 10: Ein Prämienprinzip $\pi(\overline{X}_i)$ mit

$$\pi(\overline{X}_i) := (1 + \beta)\mathbb{E}(\overline{X}_i),$$

$\beta \in \mathbb{R}_{>0}$ und $\overline{X}_i \in \mathcal{X}' := \{\overline{X}_i | \mathbb{E}(\overline{X}_i) < \infty\}$ heißt *Erwartungswertprinzip*.

Die Betrachtung der Eigenschaften des Erwartungswertprinzip ergibt:

i) Es gilt für $\beta > 0$

$$(1 + \beta)\mathbb{E}(\overline{X}_i) > \mathbb{E}(\overline{X}_i),$$

somit ist das Erwartungswertprinzip erwartungswertübersteigend.

ii) Aus Abschnitt 4.2.1 ii) ist bereits bekannt, dass $\mathbb{E}(\overline{X}_i) \leq x_{max}$ gilt. Für hinreichend kleines $\beta > 0$ gilt ebenfalls

$$(1 + \beta)\mathbb{E}(\overline{X}_i) \leq x_{max}.$$

Dieses Gegenbeispiel zeigt jedoch, dass die Gleichung nicht für alle β erfüllt ist: Sei $\overline{X}_i$ eine Zufallsvariable, die mit Wahrscheinlichkeit 0.8 den Wert 0 und mit Wahrscheinlichkeit 0.2 die Schadenhöhe X_i annimmt. Die Verteilung von X_i ist

$$\mathbb{P}(X_i = 100) = 0.5, \ \mathbb{P}(X_i = 2200) = 0.3 \text{ und } \mathbb{P}(X_i = 100) = 0.2.$$

Somit ist $x_{max} = \inf\{x \in \mathbb{R} | F_{\overline{X}_i}(x) = 1\} = 300$. Es sei $\overline{X}_i = X_i Y_i$ mit $Y_i \sim B(0.2)$ Bernoulli-verteilt und X_i, Y_i unabhängig. Mit dem Erwartungswert

$$\mathbb{E}(\overline{X}_i) = \mathbb{E}(X_i Y_i) = \mathbb{E}(X_i)\mathbb{E}(Y_i)$$
$$= (100 \cdot 0.5 + 200 \cdot 0.3 + 300 \cdot 0.2) \cdot 0.2 = 170 \cdot 0.2 = 34$$

ergibt sich die Prämie
$$\pi(\overline{X}_i) = (1 + \beta)34.$$
Soll $\pi(\overline{X}_i)$ maximalschadenbegrenzt sein, so muss
$$(1 + \beta)34 \leq 300 \iff \beta \leq \frac{133}{17}$$
gelten. Für $\beta > \frac{133}{17}$ liegt keine maximalschadenbegrenzte Prämie vor. Das Erwartungswertprinzip erfüllt die Eigenschaft damit nur bedingt.

iii) Das Erwartungswertprinzip ist nicht translationsinvariant, wie die Fortführung des Beispiels zeigt. Sei im obigen Beispiel $\beta = 1$, so ergibt sich für $\pi(\overline{X}_i + c)$ und $\pi(\overline{X}_i) + c$ keine Gleichheit, denn es ergibt sich
$$\pi(\overline{X}_i + c) = 2(34 + c) = 68 + 2c \neq 68 + c = \pi(\overline{X}_i) + c$$
für alle $c > 0$.

iv) Es gilt mit der Linearität des Erwartungswertes
$$\pi(k\overline{X}_i) = (1 + \beta)\mathbb{E}(k\overline{X}_i) = k(1 + \beta)\mathbb{E}(\overline{X}_i) = k\pi(\overline{X}_i),$$
somit ist das Erwartungswertprinzip homogen.

v) Mit der Linearität des Erwartungswertes folgt
$$\pi(\overline{X}_i + \overline{X}_k) = (1 + \beta)\mathbb{E}(\overline{X}_i + \overline{X}_k) = (1 + \beta)(\mathbb{E}(\overline{X}_i) + \mathbb{E}(\overline{X}_k))$$
$$= (1 + \beta)\mathbb{E}(\overline{X}_i) + (1 + \beta)\mathbb{E}(\overline{X}_k) = \pi(\overline{X}_i) + \pi(\overline{X}_k),$$
somit ist das Erwartungswertprinzip additiv.

vi) Das Erwartungswertprinzip ist subadditiv, da gilt
$$\pi(\overline{X}_i + \overline{X}_k) = (1 + \beta)\mathbb{E}(\overline{X}_i + \overline{X}_k)$$
$$\leq (1 + \beta)(\mathbb{E}(\overline{X}_i) + \mathbb{E}(\overline{X}_k)) = (1 + \beta)\mathbb{E}(\overline{X}_i) + (1 + \beta)\mathbb{E}(\overline{X}_k)$$
$$= \pi(\overline{X}_i) + \pi(\overline{X}_k).$$

vii) Aus Abschnitt 4.2.1 vii) ist die Folgerung
$$\mathbb{P}(\overline{X}_i \leq x) \geq \mathbb{P}(\overline{X}_k \leq x) \implies \mathbb{E}(\overline{X}_i) \leq \mathbb{E}(\overline{X}_k)$$
bekannt. Damit gilt auch
$$\mathbb{E}(\overline{X}_i) \leq \mathbb{E}(\overline{X}_k) \iff (1 + \beta)\mathbb{E}(\overline{X}_i) \leq (1 + \beta)\mathbb{E}(\overline{X}_k) \iff \pi(\overline{X}_i) \leq \pi(\overline{X}_k),$$
somit ist die Eigenschaft der stochastischen Ordnung erfüllt.

Insgesamt ist das Erwartungswertprinzip nicht translationsinvariant und nur bedingt maximalschadenbegrenzt, doch alle weiteren Eigenschaften sind erfüllt. Dies bedingt eine gute Einsetzbarkeit.
Angenommen die individuelle Prämie sei, wie in Abschnitt 3.3 i) beschrieben, identisch zur kollektiven Prämie. Das Erwartungswertprinzip wird selten in der Schaden- und Unfallversicherung eingesetzt. Der Grund dafür ist vermutlich, dass in diesen Versicherungen das Kollektiv heterogen ist und somit der Erwartungswert wenig aussagekräftig ist. In der Lebensversicherung kommt dieses Prinzip oft zur Anwendung.

4.2.3 Standardabweichungsprinzip

Definition 11: Ein Prämienprinzip $\pi(\overline{X}_i)$ mit

$$\pi(\overline{X}_i) := \mathbb{E}(\overline{X}_i) + \beta\sqrt{\mathbb{V}(\overline{X}_i)} = \mathbb{E}(\overline{X}_i) + \beta\sigma(\overline{X}_i),$$

$\beta \in \mathbb{R}_{>0}$ und $\overline{X}_i \in \mathcal{X}' := \{\overline{X}_i | \mathbb{E}(\overline{X}_i^2) < \infty\}$ heißt *Standardabweichungsprinzip*.

Die Bedingung $\overline{X}_i \in \mathcal{X}' := \{\overline{X}_i | \mathbb{E}(\overline{X}_i^2) < \infty\}$ ist ausreichend, sodass ebenfalls $\mathbb{E}(\overline{X}_i)$ und $\mathbb{V}(\overline{X}_i)$ existieren. Die Betrachtung der Eigenschaften des Standardabweichungsprinzip ergibt:

i) Sei die Standardabweichung und β stets echt positiv, dann gilt

$$\pi(\overline{X}_i) = \mathbb{E}(\overline{X}_i) + \beta\sigma(\overline{X}_i) > \mathbb{E}(\overline{X}_i),$$

somit ist das Standardabweichungsprinzip erwartungswertübersteigend.

ii) Das Beispiel aus Abschnitt 4.2.2 ii) zeigt auch hier, dass die Eigenschaft der Maximalschadenbegrenzheit von der Wahl von β abhängt. Es gilt mit den Vorausetzungen $\overline{X}_i = X_i Y_i$, $\mathbb{E}(X_i) = 170$, $\mathbb{E}(Y_i) = 0.2$ und $\mathbb{E}(\overline{X}_i) = 34$ aus dem genannten Beispiel auch

$$\mathbb{V}(X_i) = 100^2 \cdot 0.5 + 200^2 \cdot 0.3 + 300^2 \cdot 0.2 - 170^2 = 6100,$$
$$\mathbb{V}(Y_i) = 0.2 \cdot 0.8 = 0.16$$

und somit

$$\mathbb{V}(\overline{X}_i) = \mathbb{V}(X_i Y_i) = (\mathbb{E}(X_i))^2 \mathbb{V}(Y_i) + (\mathbb{E}(Y_i))^2 \mathbb{V}(X_i) + \mathbb{V}(X_i)\mathbb{V}(Y_i) = 5844.$$

Unter der Bedingung

$$\pi(\overline{X}_i) = 34 + \beta\sqrt{5844} \leq 300 \Leftrightarrow \beta \leq \frac{266}{5844}$$

ist $\pi(\overline{X}_i)$ maximalschadenbegrenzt. Für $\beta > \frac{266}{5844}$ liegt keine Maximalschadenbegrenztheit vor.

iii) Die Translationsinvarianz folgt mit den Eigenschaften von Erwartungswert und Varianz aus

$$\pi(\overline{X}_i + c) = \mathbb{E}(\overline{X}_i + c) + \beta\sqrt{\mathbb{V}(\overline{X}_i + c)}$$
$$= \mathbb{E}(\overline{X}_i) + \beta\sqrt{\mathbb{V}(\overline{X}_i)} + c = \pi(\overline{X}_i) + c.$$

iv) Mit den Eigenschaften von Erwartungswert und Varianz gilt

$$\pi(k\overline{X}_i) = \mathbb{E}(k\overline{X}_i) + \beta\sqrt{\mathbb{V}(k\overline{X}_i)} = k\mathbb{E}(\overline{X}_i) + \beta\sqrt{k^2\mathbb{V}(\overline{X}_i)}$$
$$= k\left(\mathbb{E}(\overline{X}_i) + \beta\sqrt{\mathbb{V}(\overline{X}_i)}\right) = k\pi(\overline{X}_i),$$

somit ist das Standardabweichungsprinzip homogen.

v) Da die Wurzelfunktion nicht additiv ist, folgt mit

$$\pi(\overline{X}_i + \overline{X}_k) = \mathbb{E}(\overline{X}_i + \overline{X}_k) + \beta\sqrt{\mathbb{V}(\overline{X}_i + \overline{X}_k)}$$
$$= \mathbb{E}(\overline{X}_i) + \mathbb{E}(\overline{X}_k) + \beta\sqrt{\mathbb{V}(\overline{X}_i) + \mathbb{V}(\overline{X}_k)}$$
$$\neq \mathbb{E}(\overline{X}_i) + \beta\sqrt{\mathbb{V}(\overline{X}_i)} + \mathbb{E}(\overline{X}_k) + \beta\sqrt{\mathbb{V}(\overline{X}_k)}$$
$$= \pi(\overline{X}_i) + \pi(\overline{X}_k),$$

dass auch das Standardabweichungsprinzip nicht additiv ist.

vi) Die Subadditivität der Wurzelfunktion liefert mit

$$\pi(\overline{X}_i + \overline{X}_k) \leq \pi(\overline{X}_i) + \pi(XS_k)$$
$$\Leftrightarrow \mathbb{E}(\overline{X}_i + \overline{X}_k) + \beta\sqrt{\mathbb{V}(\overline{X}_i + \overline{X}_k)} \leq \mathbb{E}(\overline{X}_i) + \beta\sqrt{\mathbb{V}(\overline{X}_i)} + \mathbb{E}(\overline{X}_k) + \beta\sqrt{\mathbb{V}(\overline{X}_k)}$$
$$\Leftrightarrow \sqrt{\mathbb{V}(\overline{X}_i) + \mathbb{V}(\overline{X}_k)} \leq \sqrt{\mathbb{V}(\overline{X}_i)} + \sqrt{\mathbb{V}(\overline{X}_k)}$$
$$\Leftrightarrow 0 \leq 2\sqrt{\mathbb{V}(\overline{X}_i)}\sqrt{\mathbb{V}(\overline{X}_k)},$$

die Subadditivität des Standardabweichungsprinzips.

vii) Das Prinzip ist nicht ordnungserhaltend, wie folgendes Gegenbeispiel zeigt: Sei $\maltese_i = X_i$ und $\maltese_k = X_k$ mit

$$X_i \sim B(0.5) \text{ und } X_k \sim B(1)$$

Bernoulli-verteilt. In der Abbildung 2 ist ersichtlich, dass $\mathbb{P}(X_i \leq x) \geq \mathbb{P}(X_k \leq x)$ gilt.

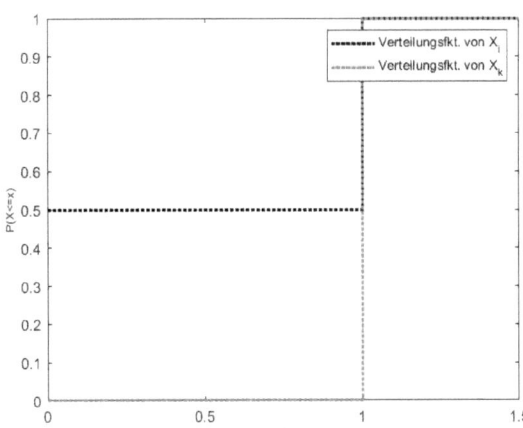

Abbildung 2: Verteilungsfunktionen von X_i und X_k

$X_k = \overline{X}_k$ ist stochastisch dominant gegenüber $X_i = \overline{X}_i$. Es ergibt sich mit $\mathbb{E}(X_i) = 0.5$

und $\mathbb{V}(X_i) = 0.25$ für die Prämie

$$\pi(X_i) = \mathbb{E}(X_i) + \beta\sqrt{\mathbb{V}(X_i)} = \frac{1}{2} + \beta\frac{1}{2},$$

und mit $\mathbb{E}(X_k) = 1$ und $\mathbb{V}(X_k) = 0$ für die Prämie von X_k

$$\pi(X_k) = \mathbb{E}(X_k) + \beta\sqrt{\mathbb{V}(X_k)} = 1.$$

Sei nun $\beta > 1$, dann gilt

$$\pi(X_i) = \pi(\overline{X}_i) > \pi(\overline{X}_k) = \pi(X_k),$$

somit ist das Standardabweichungsprinzip nicht ordnungserhaltend.

Das Standardabweichungsprinzip ist erwartungswertübersteigend, translationsinvariant, homogen und subadditiv.

Unter der Annahme, dass die individuelle Prämie der kollektiven Prämie entspricht, wird das Prinzip meistens in der Schaden- und Unfallversicherung benutzt. Hauptsächlich ist der Grund dafür die Linearität des Prinzips bei proportionalen Änderung der auftretenden Ansprüchen der Versicherungsnehmer.

4.2.4 Varianzprinzip

Definition 12: Ein Prämienprinzip $\pi(\overline{X}_i)$ mit

$$\pi(\overline{X}_i) := \mathbb{E}(\overline{X}_i) + \beta\mathbb{V}(\overline{X}_i),$$

$\beta \in \mathbb{R}_{>0}$ und $\overline{X}_i \in \mathcal{X}' := \{\overline{X}_i | \mathbb{E}(\overline{X}_i^2) < \infty\}$ heißt *Varianzprinzip*.

Die Betrachtung der Eigenschaften des Varianzprinzips ergibt:

i) Es gilt

$$\pi(\overline{X}_i) = \mathbb{E}(\overline{X}_i) + \beta\mathbb{V}(\overline{X}_i) > \mathbb{E}(\overline{X}_i),$$

da β stets echt positiv ist und angenommen wird, dass $\mathbb{V}(\overline{X}_i) > 0$ gilt. Somit ist das Varianzprinzip erwartungswertübersteigend.

ii) Mit den Voraussetzungen $\mathbb{E}(\overline{X}_i) = 34$ und $\mathbb{V}(\overline{X}_i) = 5844$ aus Abschnitt 4.2.3 ii) folgt, dass auch hier nur bedingt Maximalschadenbegrenztheit vorliegt. Unter der Bedingung

$$\pi(\overline{X}_i) = 34 + 5844\beta > 300 \quad \Leftrightarrow \quad \beta > \frac{266}{5844}$$

ist $\pi(\overline{X}_i)$ nicht maximalschadenbegrenzt, für $\beta \leq \frac{266}{5844}$ ist die Eigenschaft erfüllt.

iii) Aus

$$\pi(\overline{X}_i + c) = \mathbb{E}(\overline{X}_i + c) + \beta\mathbb{V}(\overline{X}_i + c)$$
$$= \mathbb{E}(\overline{X}_i) + \beta\mathbb{V}(\overline{X}_i) + c = \pi(\overline{X}_i) + c$$

folgt die Translationsinvarianz des Varianzprinzips.

iv) Mit den Eigenschaften der Varianz ist das Varianzprinzip nicht homogen. Denn es gilt

$$\pi(k\overline{X}_i) = k\mathbb{E}(\overline{X}_i) + \beta k^2 \mathbb{V}(\overline{X}_i)$$
$$\neq k\mathbb{E}(\overline{X}_i) + \beta k\mathbb{V}(\overline{X}_i) = k\pi(\overline{X}_i)$$

für alle $k > 0$, $\beta > 0$.

v) Für unabhängige $\overline{X}_i$, $\overline{X}_k$ gilt mit den Eigenschaften von Varainz und Erwartungswert

$$\pi(\overline{X}_i + \overline{X}_k) = \mathbb{E}(\overline{X}_i + \overline{X}_k) + \beta\mathbb{V}(\overline{X}_i + \overline{X}_k)$$
$$= \mathbb{E}(\overline{X}_i) + \mathbb{E}(\overline{X}_k) + \beta\mathbb{V}(\overline{X}_i) + \beta\mathbb{V}(\overline{X}_k) = \pi(\overline{X}_i) + \pi(\overline{X}_k),$$

somit ist das Varianzprinzip additiv.

vi) Die Subadditivität des Varianzprinzips ist ebenfalls erfüllt, denn insbesondere gilt

$$\pi(\overline{X}_i + \overline{X}_k) = \mathbb{E}(\overline{X}_i + \overline{X}_k) + \beta\mathbb{V}(\overline{X}_i + \overline{X}_k)$$
$$\leq \mathbb{E}(\overline{X}_i) + \mathbb{E}(\overline{X}_k) + \beta\mathbb{V}(\overline{X}_i) + \beta\mathbb{V}(\overline{X}_k) = \pi(\overline{X}_i) + \pi(\overline{X}_k).$$

vii) Das Gegenbeispiel aus 4.2.3 vii) liefert $\overline{X}_i \sim B(0.5)$ Bernoulli-verteilt mit $\mathbb{E}(\overline{X}_i) = 0.5$, $\mathbb{V}(\overline{X}_i) = 0.25$ und $\overline{X}_k \sim B(1)$ Bernoulli-verteilt mit $\mathbb{E}(\overline{X}_i) = 1$, $\mathbb{V}(\overline{X}_i) = 0$. Damit gilt für die Prämie von $\overline{X}_i$

$$\mathbb{E}(\overline{X}_i) + \beta\mathbb{V}(\overline{X}_i) = \frac{1}{2} + \beta\frac{1}{4},$$

für die Prämie von $\overline{X}_k$

$$\mathbb{E}(\overline{X}_k) + \beta\mathbb{V}(\overline{X}_k) = 1.$$

Für $\beta > 2$ ist die ordnungserhaltende Eigenschaft für das Varianzprinzip nicht erfüllt.

Das Varianzprinzip ist nicht ordnungserhaltend und homogen, erfüllt jedoch die restlichen Eigenschaften. Da hier die Additivität von unabhängigen Risiken gegeben ist, aber nicht die Homogenität der Schadenerfahrungen, findet das Prinzip weniger Anwendung als das Standardabweichungsprinzip.

4.2.5 Reines Quantilprinzip

Definition 13: Ein Prämienprinzip $\pi(\overline{X}_i)$ mit

$$\pi(\overline{X}_i) := Q_{F_{\overline{X}_i}}(\gamma) := \inf\{x \in \mathbb{R} \,|\, F_{\overline{X}_i}(x) \geq \gamma\}$$

und $\gamma \in [\frac{1}{2}, 1]$ heißt *reines Quantilprinzip*. $Q_{F_{\overline{X}_i}}(\gamma)$ heißt das γ-Quantil von $\overline{X}_i$ und für $\gamma = \frac{1}{2}$ Median.

Die Betrachtung der Eigenschaften des reinen Quantilprinzips ergibt:

i) Sei $\overline{X}_i \sim B(0.2)$ Bernoulli-verteilt. Der Erwartungswert von $\overline{X}_i$ ist dann $\mathbb{E}(\overline{X}_i) = 0.2$. Es gilt wegen $\mathbb{P}(\overline{X}_i = 0) = 0.8 > 0.5 = \gamma$ für den Median

$$Q_{F_{\overline{X}_i}}(0.5) = \inf\{x \in \mathbb{R}|F_{\overline{X}_i}(x) \geq 0.5\} = 0 \ < \ \mathbb{E}(\overline{X}_i).$$

Das Gegenbeispiel zeigt, dass das Qunatilprinzip nicht erwartungswertübersteigend ist.

ii) Die Eigenschaft der Maximalschadenbegrenztheit ist erfüllt, denn es gilt für alle $\gamma \in [\frac{1}{2}, 1]$

$$\inf\{x \in \mathbb{R}|F_{\overline{X}_i}(x) \geq \gamma\} \leq \inf\{x \in \mathbb{R}|F_{\overline{X}_i}(x) = 1\} \Leftrightarrow Q_{F_{\overline{X}_i}}(\gamma) \leq x_{max}.$$

iii) Es gilt

$$\pi(\overline{X}_i + c) = \inf\{x \in \mathbb{R}|\mathbb{P}(\overline{X}_i + c \leq x) \geq \gamma\} = \inf\{x \in \mathbb{R}|\mathbb{P}(\overline{X}_i \leq x - c) \geq \gamma\}$$
$$= \inf\{x \in \mathbb{R}|\mathbb{P}(\overline{X}_i \leq x) \geq \gamma\} + c = \pi(\overline{X}_i) + c,$$

da sich das Infimum um den konstanten Wert $c > 0$ erhöht. Das reine Quantilprinzip ist somit translationsinvariant.

iv) Das Infimum ändert sich nur um den konstanten Faktor $k > 0$, somit ist

$$\pi(k\overline{X}_i) = \inf\{x \in \mathbb{R}|\mathbb{P}(k\overline{X}_i \leq x) \geq \gamma\} = \inf\{x \in \mathbb{R}|\mathbb{P}(\overline{X}_i \leq \frac{x}{k}) \geq \gamma\}$$
$$= k\inf\{x \in \mathbb{R}|\mathbb{P}(\overline{X}_i \leq x) \geq \gamma\} = k\pi(\overline{X}_i).$$

Damit ist die Homogenität des reinen Quantilprinzips erfüllt.

v) Seien $\overline{X}_i$, $\overline{X}_k$ unabhängig und $\overline{X}_i \sim B(0.8)$, $\overline{X}_k \sim B(0.5)$ Bernoulli-verteilt. Für die Verteilung der Summe $\overline{X}_i + \overline{X}_k$ gilt

$$\mathbb{P}(\overline{X}_i + \overline{X}_k = 0) = \mathbb{P}(\overline{X}_i = 0)\mathbb{P}(\overline{X}_k = 0) = 0.2 \cdot 0.5 = 0.1,$$
$$\mathbb{P}(\overline{X}_i + \overline{X}_k = 1) = \mathbb{P}(\overline{X}_i = 0)\mathbb{P}(\overline{X}_k = 1) + \mathbb{P}(\overline{X}_i = 1)\mathbb{P}(\overline{X}_k = 0)$$
$$= 0.2 \cdot 0.5 + 0.8 \cdot 0.5 = 0.5 \text{ und}$$
$$\mathbb{P}(\overline{X}_i + \overline{X}_k = 2) = \mathbb{P}(\overline{X}_i = 1)\mathbb{P}(\overline{X}_k = 1) = 0.8 \cdot 0.5 = 0.4.$$

Für $\gamma = 0.6$ gilt somit

$$\pi(\overline{X}_i + \overline{X}_k) = \inf\{x \in \mathbb{R}|\mathbb{P}(\overline{X}_i + \overline{X}_k \leq x) \geq 0.6\} = 1.$$

Dies entspricht nicht der Summe der Prämien der einzelnen Risiken

$$\pi(\overline{X}_i) + \pi(\overline{X}_k) = \inf\{x \in \mathbb{R}|\mathbb{P}(\overline{X}_i \leq x) \geq 0.6\} + \inf\{x \in \mathbb{R}|\mathbb{P}(\overline{X}_k \leq x) \geq 0.6\} = 2,$$

somit ist das reine Quantilprinzip nicht additiv.

vi) Die Subadditivität ist nicht erfüllt, wie das nachfolgendes Beispiel zeigt. Es seien $\overline{X}_i$, $\overline{X}_k$ unabhängig und $\overline{X}_i \sim B(0.5)$, $\overline{X}_k \sim B(0.4)$ Bernoulli-verteilt. Somit ist

$$\pi(\overline{X}_i) + \pi(\overline{X}_k) = Q_{F_{\overline{X}_i}}(0.5) + Q_{F_{\overline{X}_k}}(0.5) = 0.$$

Für die Verteilung der Summe $\overline{X}_i + \overline{X}_k$ gilt

$$\mathbb{P}(\overline{X}_i + \overline{X}_k = 0) = \mathbb{P}(\overline{X}_i = 0)\mathbb{P}(\overline{X}_k = 0) = 0.5 \cdot 0.6 = 0.3,$$
$$\mathbb{P}(\overline{X}_i + \overline{X}_k = 1) = \mathbb{P}(\overline{X}_i = 0)\mathbb{P}(\overline{X}_k = 1) + \mathbb{P}(\overline{X}_i = 1)\mathbb{P}(\overline{X}_k = 0)$$
$$= 0.5 \cdot 0.4 + 0.5 \cdot 0.6 = 0.5 \text{ und}$$
$$\mathbb{P}(\overline{X}_i + \overline{X}_k = 2) = \mathbb{P}(\overline{X}_i = 1)\mathbb{P}(\overline{X}_k = 1) = 0.5 \cdot 0.4 = 0.2.$$

Damit gilt

$$\pi(\overline{X}_i + \overline{X}_k) = Q_{F_{\overline{X}_i + \overline{X}_k}}(0.5) = 1 > 0 = \pi(\overline{X}_i) + \pi(\overline{X}_k).$$

vii) Nach Voraussetzung gelte $\mathbb{P}(\overline{X}_i \leq x) \geq \mathbb{P}(\overline{X}_k \leq x)$, damit ist das kleinste x, dass $\mathbb{P}(\overline{X}_i \leq x) \geq \gamma$ erfüllt, kleiner oder gleich demjenigen minimalen x', dass $\mathbb{P}(\overline{X}_k \leq x') \geq \gamma$ realisiert. Daraus folgt

$$\inf\{x \in \mathbb{R} | \mathbb{P}(\overline{X}_i \leq x) \geq \gamma\} \leq \inf\{x \in \mathbb{R} | \mathbb{P}(\overline{X}_k \leq x) \geq \gamma\} \iff \pi(\overline{X}_i) \leq \pi(\overline{X}_k),$$

die Eigenschaft der stochastischen Ordnung gilt somit für alle $\gamma \in [\frac{1}{2}, 1]$.

Die notwendige Eigenschaft der Übersteigerung des Erwartungswertes ist nicht erfüllt, damit ist das reine Quantilprinzip eher ungeeignet zur Berechnung von Prämien, obwohl es mit der Homogenität, Translationsinvarianz, Maximalschadenbegrenztheit und stochastischen Ordnung viele der gewünschten Eigenschaften verwirklicht.

4.2.6 Gemischtes Quantilprinzip

Definition 14: Ein Prämienprinzip $\pi(\overline{X}_i)$ mit

$$\pi(\overline{X}_i) := p\mathbb{E}(\overline{X}_i) + (1 - p)Q_{F_{\overline{X}_i}}(\gamma),$$

$p \in [0, 1]$, $\gamma \in [\frac{1}{2}, 1]$ und $\overline{X}_i \in \mathcal{X}' := \{\overline{X}_i | \mathbb{E}(\overline{X}_i) < \infty\}$ heißt *gemischtes Quantilprinzip*.

Die Betrachtung der Eigenschaften des gemischten Quantilprinzips ergibt:

i) Sei $p = 0.1$, $\gamma = 0.5$ und $\overline{X}_i \sim B(0.2)$ Bernoulli-verteilt. So ist der Erwartungswert $\mathbb{E}(\overline{X}_i) = 0.2$, $Q_{F_{\overline{X}_i}}(0.5) = 0$ und die Prämie, die mit dem gemischten Quantilprinzip bestimmt wurde, ist

$$\pi(\overline{X}_i) = 0.1 \cdot 0.2 + 0.9 \cdot 0 = 0.02 < \mathbb{E}(\overline{X}_i).$$

Das gemischte Quantilprinzip ist somit nicht erwartungswertübersteigend.

ii) Mit 4.2.1 ii) und 4.2.5 ii) gilt für $p \in [0, 1]$

$$\mathbb{E}(\overline{X}_i) \leq x_{max} \Rightarrow p\mathbb{E}(\overline{X}_i) \leq px_{max},$$
$$Q_{F_{\overline{X}_i}}(\gamma) \leq x_{max} \Rightarrow (1 - p)Q_{F_{\overline{X}_i}}(\gamma) \leq (1 - p)x_{max}$$

und daraus folgt

$$p\mathbb{E}(\overline{X}_i) + (1 - p)Q_{F_{\overline{X}_i}}(\gamma) \leq px_{max} + (1 - p)x_{max} = x_{max}.$$

Die Maximalschadenbegrenztheit ist somit erfüllt.

iii) Aus den Abschnitten 4.2.1 iii) und 4.2.5 iii) folgt

$$\pi(\overline{X}_i + c) = p\mathbb{E}(\overline{X}_i + c) + (1-p)\inf\{x \in \mathbb{R}|\mathbb{P}(\overline{X}_i + c \leq x) \geq \gamma\}$$
$$= pc + p\mathbb{E}(\overline{X}_i) + (1-p)c + (1-p)\inf\{x \in \mathbb{R}|\mathbb{P}(\overline{X}_i \leq x) \geq \gamma\}$$
$$= c + p\mathbb{E}(\overline{X}_i) + (1-p)Q_{F_{\overline{X}_i}}(\gamma) = c + \pi(\overline{X}_i)$$

und damit die Translationsinvarianz.

iv) Die Homogenität ist mit 4.2.1 iv) und 4.2.5 iv) ebenfalls erfüllt, denn es gilt

$$\pi(k\overline{X}_i) = p\mathbb{E}(k\overline{X}_i) + (1-p)\inf\{x \in \mathbb{R}|\mathbb{P}(k\overline{X}_i \leq x) \geq \gamma\}$$
$$= kp\mathbb{E}(\overline{X}_i) + k(1-p)\inf\{x \in \mathbb{R}|\mathbb{P}(\overline{X}_i \leq x) \geq \gamma\}$$
$$= k\left(p\mathbb{E}(\overline{X}_i) + (1-p)Q_{F_{\overline{X}_i}}(\gamma)\right) = k\pi(\overline{X}_i).$$

v) Das folgende Beispiel zeigt, dass das gemischte Quantilprinzip nicht additiv ist. Seien $\overline{X}_i$ und $\overline{X}_k$ unabhängig und $\overline{X}_i \sim B(0.8)$, $\overline{X}_k \sim B(0.5)$ Bernoulli-verteilt. Die Erwartungswerte und 0.6-Quantile sind $\mathbb{E}(\overline{X}_i) = 0.8$, $\mathbb{E}(\overline{X}_k) = 0.5$ und $Q_{F_{\overline{X}_i}}(0.6) = Q_{F_{\overline{X}_k}}(0.6) = 1$. Für die Prämien gilt somit für $p = 0.5$

$$\pi(\overline{X}_i) + \pi(\overline{X}_k) = 0.5 \cdot 0.8 + 0.5 \cdot 1 + 0.5 \cdot 0.5 + 0.5 \cdot 1 = 1.65.$$

Für die Verteilung der Summe $\overline{X}_i + \overline{X}_k$ gilt

$$\mathbb{P}(\overline{X}_i + \overline{X}_k = 0) = \mathbb{P}(\overline{X}_i = 0)\mathbb{P}(\overline{X}_k = 0) = 0.2 \cdot 0.5 = 0.1,$$
$$\mathbb{P}(\overline{X}_i + \overline{X}_k = 1) = \mathbb{P}(\overline{X}_i = 0)\mathbb{P}(\overline{X}_k = 1) + \mathbb{P}(\overline{X}_i = 1)\mathbb{P}(\overline{X}_k = 0)$$
$$= 0.2 \cdot 0.5 + 0.8 \cdot 0.5 = 0.5 \text{ und}$$
$$\mathbb{P}(\overline{X}_i + \overline{X}_k = 2) = \mathbb{P}(\overline{X}_i = 1)\mathbb{P}(\overline{X}_k = 1) = 0.8 \cdot 0.5 = 0.4.$$

Für $\gamma = 0.6$ gilt somit

$$Q_{F_{\overline{X}_i + \overline{X}_k}}(0.6) = \inf\{x \in \mathbb{R}|\mathbb{P}(\overline{X}_i + \overline{X}_k \leq x) \geq 0.6\} = 1$$

und der Erwartungswert von $\overline{X}_i + \overline{X}_k$ ist $\mathbb{E}(\overline{X}_i + \overline{X}_k) = 1.3$. Damit gilt mit $p = 0.5$ für die Prämien

$$\pi(\overline{X}_i + \overline{X}_k) = 0.5 \cdot 1.3 + 0.5 \cdot 1 = 1.15 \neq 1.65 = \pi(\overline{X}_i) + \pi(\overline{X}_k).$$

vi) Die Subadditivität ist mit folgendem Gegenbeispiel für das gemischte Quantilprinzip nicht erfüllt. Es seien $\overline{X}_i$, $\overline{X}_k$ unabhängig und $\overline{X}_i \sim B(0.5)$, $\overline{X}_k \sim B(0.4)$ Bernoulli-verteilt. Somit sind die Mediane

$$Q_{F_{\overline{X}_i}}(0.5) = Q_{F_{\overline{X}_k}}(0.5) = 0$$

und die Erwartungswerte $\mathbb{E}(\overline{X}_i) = 0.5$ und $\mathbb{E}(\overline{X}_k) = 0.4$. Daraus ergibt sich mit $p = 0.4$ für die Summe der Prämien von $\overline{X}_i$ und $\overline{X}_k$

$$\pi(\overline{X}_i) + \pi(\overline{X}_k) = 0.4 \cdot 0.5 + 0.6 \cdot 0 + 0.4 \cdot 0.4 + 0.6 \cdot 0 = 0.36.$$

Für die Verteilung der Summe $\overline{X}_i + \overline{X}_k$ gilt

$$\mathbb{P}(\overline{X}_i + \overline{X}_k = 0) = \mathbb{P}(\overline{X}_i = 0)\mathbb{P}(\overline{X}_k = 0) = 0.5 \cdot 0.6 = 0.3,$$
$$\mathbb{P}(\overline{X}_i + \overline{X}_k = 1) = \mathbb{P}(\overline{X}_i = 0)\mathbb{P}(\overline{X}_k = 1) + \mathbb{P}(\overline{X}_i = 1)\mathbb{P}(\overline{X}_k = 0)$$
$$= 0.5 \cdot 0.4 + 0.5 \cdot 0.6 = 0.5 \text{ und}$$
$$\mathbb{P}(\overline{X}_i + \overline{X}_k = 2) = \mathbb{P}(\overline{X}_i = 1)\mathbb{P}(\overline{X}_k = 1) = 0.5 \cdot 0.4 = 0.2.$$

Der Erwartungswert der Summe $\overline{X}_i + \overline{X}_k$ ist also $\mathbb{E}(\overline{X}_i + \overline{X}_k) = 0.9$. Es gilt für den Median von $\overline{X}_i + \overline{X}_k$

$$Q_{F_{\overline{X}_i + \overline{X}_k}}(0.5) = 1$$

und somit für die Prämie

$$\pi(\overline{X}_i + \overline{X}_k) = 0.4 \cdot 0.9 + 0.6 \cdot 1 = 0.96.$$

Die Subadditivität ist also nicht gegeben, denn es ist $\pi(\overline{X}_i + \overline{X}_k) > \pi(\overline{X}_i) + \pi(\overline{X}_k)$.

vii) Aus 4.2.2 vii) und 4.2.5 vii) erhält man

$$\mathbb{P}(\overline{X}_i \leq x) \geq \mathbb{P}(\overline{X}_k \leq x) \;\Rightarrow\; p\mathbb{E}(\overline{X}_i) \leq p\mathbb{E}(\overline{X}_k) \text{ und}$$
$$\mathbb{P}(\overline{X}_i \leq x) \geq \mathbb{P}(\overline{X}_k \leq x) \;\Rightarrow\; Q_{F_{\overline{X}_i}}(\gamma) \leq Q_{F_{\overline{X}_k}}(\gamma).$$

Insgesamt folgt die stochastische Ordnung für das gemischte Quantilprinzip mit

$$\pi(\overline{X}_i) = p\mathbb{E}(\overline{X}_i) + (1-p)Q_{F_{\overline{X}_i}}(\gamma) \leq p\mathbb{E}(\overline{X}_k) + (1-p)Q_{F_{\overline{X}_k}}(\gamma) = \pi(\overline{X}_k).$$

Das gemischte Quantilprinzip ist, wie das reine Quantilprinzip eher ungeeignet, da es ebenfalls nicht unbedingt erwartungswertübersteigend ist. Doch das Prämienprinzip ist maximalschadenbegrenzt, translationsinvariant, homogen und ordnungserhaltend.

4.2.7 Prämienprinzipien aus der Nutzenfunktion

Die Nutzenfunktion eines Versicherungsunternehmens beschreibt den Nutzen von Einnahmen. Der Nutzen eines Geldbetrag ist nicht für jedes Wirtschaftssubjekt gleich.

Definition 15: Eine zweimal stetig differenzierbare Funktion $v : \mathbb{R} \to \mathbb{R}$ heißt *Nutzenfunktion*, falls v konkav und streng monoton wachsend ist und es gilt $v(0) = 0$.

Die Konkavität bedeutet, dass $v''(s) \leq 0$ ist und die strenge Monotonie, dass aus $x > y$ $v(x) > v(y)$ folgt. Durch die strenge Monotonie, nimmt der Nutzen stets zu, umso höher die Einnahmen sind.

Definition 16: Sei $s \geq 0$ die Reserve des Versicherungsunternehmens, v eine Nutzenfunktion und $\overline{X}_i$ das Risiko. Ein Prämienprinzip $\pi(\overline{X}_i)$ mit

$$v(s) = \mathbb{E}\left(v(s + \pi(\overline{X}_i) - \overline{X}_i)\right)$$

heißt *Nutzenprinzip*. Eine Prämie ist nützlich für ein Versicherungsunternehmen, falls gilt

$$v(s) \leq \mathbb{E}\left(v(s + \pi(\overline{X}_i) - \overline{X}_i)\right).$$

Sei $s = 0$ dann heißt ein Prämienprinzip $\pi(\overline{X}_i)$ mit

$$0 = v(0) = \mathbb{E}\left(v(\pi(\overline{X}_i) - \overline{X}_i)\right)$$

Nullnutzenprinzip.

Die Annahme des Nullnutzenprinzips einer nicht existierenden Reserve s, ist im Allgemeinen nicht gegeben, da eine gewisses Eigenkapital Voraussetzung für ein Versicherungsunternehmen ist. Für die Untersuchung der Eigenschaften des Nutzen- und Nullnutzenprinzips wird zuvor die Ungleichung von Jensen eingeführt.

Satz 17: *(Ungleichung von Jensen) Sei $\overline{X}_i$ eine Zufallsvariable mit $\mathbb{E}(\overline{X}_i) < \infty$ und f eine konkave Funktion, dann gilt*

$$\mathbb{E}(f(\overline{X}_i)) \leq f(\mathbb{E}(\overline{X}_i)).$$

Die Betrachtung der Eigenschaften des Nutzen- und Nullnutzenprinzips ergibt:

i) Mit der Ungleichung von Jensen gilt

$$v(s) = \mathbb{E}\left(v(s + \pi(\overline{X}_i) - \overline{X}_i)\right) \leq v\left(\mathbb{E}(s + \pi(\overline{X}_i) - \overline{X}_i)\right) = v\left(s + \pi(\overline{X}_i) - \mathbb{E}(\overline{X}_i)\right).$$

Es folgt aufgrund der Monotonie der Nutzenfunktion v und

$$0 \leq v(s) \leq v(s + \pi(\overline{X}_i) - \mathbb{E}(\overline{X}_i))$$

stets

$$\pi(\overline{X}_i) \geq \mathbb{E}(\overline{X}_i).$$

Gleiches gilt für $s = 0$, damit sind Nutzen- und Nullnutzenprinzip erwartungswertübersteigend, außer im Fall $\pi(\overline{X}_i) = \mathbb{E}(\overline{X}_i)$.

ii) Für $s \geq 0$ gilt mit der Monotonie von v und $\overline{X}_i \leq x_{max}$

$$0 \leq v(s) = \mathbb{E}\left(v(s + \pi(\overline{X}_i) - \overline{X}_i)\right) \geq \mathbb{E}\left(v(s + \pi(\overline{X}_i) - x_{max})\right) = v(s + \pi(\overline{X}_i) - x_{max}).$$

Es folgt

$$\pi(\overline{X}_i) \leq x_{max}$$

und damit die Maximalschadenbegrenztheit der Prämienprinzipien.

iii) Es gilt

$$v(s) = \mathbb{E}\left(v(s + \pi(\overline{X}_i) - \overline{X}_i)\right) = v(s) = \mathbb{E}\left(v(s + (\pi(\overline{X}_i) + c) - (\overline{X}_i + c))\right)$$

und daraus folgt $\pi(\overline{X}_i + c) = \pi(\overline{X}_i) + c$. Die Translationsinvarianz des Nutzen- und Nullnutzenprinzips ist folglich erfüllt.

iv) Sei $v(x) = \ln(x + 1)$ für $x > 0$ mit

$$v(0) = 0,$$

$$v'(x) = \frac{1}{x + 1} > 0 \text{ und}$$

$$v''(x) = -\frac{1}{(x + 1)^2} < 0$$

eine Nutzenfunktion. Für $\overline{X}_i$ gelte die Verteilung $\overline{X}_i \sim B(0.5)$. Dann ergibt sich die Prämie $\pi(\overline{X}_i)$ mit $s \geq 0$ aus

$$v(s) = \mathbb{E}\left(v(s + \pi(\overline{X}_i) - \overline{X}_i)\right)$$
$$\Leftrightarrow \ln(s+1) = 0.5\ln(s + \pi(\overline{X}_i) - 0 + 1) + 0.5\ln(s + \pi(\overline{X}_i) - 1 + 1)$$
$$\Leftrightarrow s + 1 = e^{(0.5\ln(s + \pi(\overline{X}_i)+1))} + e^{(0.5\ln(s + \pi(\overline{X}_i)))}$$
$$\Leftrightarrow s + 1 = \sqrt{(s + \pi(\overline{X}_i) + 1)(s + \pi(\overline{X}_i))}$$
$$\Rightarrow (s+1)^2 = s^2 + (2s+1)\pi(\overline{X}_i) + \pi(\overline{X}_i)^2 + s$$
$$\Leftrightarrow 0 = \pi(\overline{X}_i)^2 + (2s+1)\pi(\overline{X}_i) - 1 - s$$
$$\Rightarrow \pi(\overline{X}_i) = -\frac{2s+1}{2} + \sqrt{\left(\frac{2s+1}{2}\right)^2 + s + 1}.$$

Für $s = 0$ folgt

$$\pi_0(\overline{X}_i) = -\frac{1}{2} + \sqrt{\left(\frac{1}{2}\right)^2 + 1} = 0.618$$

und für $s = 5$ ergibt sich

$$\pi_s(\overline{X}_i) = -\frac{11}{2} + \sqrt{\left(\frac{11}{2}\right)^2 + 6} = 0.521.$$

Sei $k = 2$ so besitzt $Y = 2\overline{X}_i = \overline{X}_i + \overline{X}_i$ folgende Verteilung

$$\mathbb{P}(Y = 0) = 0.5 \cdot 0.5 = 0.25,$$
$$\mathbb{P}(Y = 1) = 0.5 \cdot 0.5 + 0.5 \cdot 0.5 = 0.5$$
$$\mathbb{P}(Y = 2) = 0.5 \cdot 0.5 = 0.25.$$

Es gilt mit $a = s + \pi(Y)$ und $b = -4s^3 - 7s^2 - 4s$

$$v(s) = \mathbb{E}(v(a - Y))$$
$$\Leftrightarrow \ln(s+1) = 0.25\ln(a+1) + 0.5\ln(a) + 0.25\ln(a)$$
$$\Leftrightarrow 4\ln(s+1) = \ln(a+1) + 2\ln(a) + \ln(a-1)$$
$$\Leftrightarrow (s+1)^4 = (s + \pi(Y) + 1)(s + \pi(Y))^2(s + \pi(Y) - 1)$$
$$\Leftrightarrow 0 = \pi(Y)^4 + 4s\pi(Y)^3 + (-1 + 6s^2)\pi(Y)^2 + (-2s + 4s^3)\pi(Y) + b - 1.$$

Für das Nullnutzenprinzip mit $s = 0$ und der Substitution von $\pi(Y)^2$ durch p folgt

$$v(s) = \mathbb{E}(v(a - Y))$$
$$\Leftrightarrow 0 = \pi(Y)^4 - \pi(Y)^2 - 1$$
$$\Leftrightarrow 0 = p^2 - p - 1$$
$$\Rightarrow p = \frac{1}{2} + \sqrt{\frac{1}{4} + 1} = 1.618$$
$$\Rightarrow \pi(Y) = \pi_0(2\overline{X}_i) = \sqrt{1.618} = 1.272.$$

Da gilt $1.272 = \pi(2\overline{X}_i) \neq 2\pi(\overline{X}_i) = 1.236$, ist das Nullnutzenprinzip nicht homogen. Sei $s = 1$ so ergibt sich für das Nutzenprinzip

$$v(s) = \mathbb{E}(v(a - Y)) \Leftrightarrow 0 = \pi(Y)^4 + 4\pi(Y)^3 + 5\pi(Y)^2 + 2\pi(Y) - 16$$

und unter Einsatz des Newton-Verfahrens ergibt sich $\pi(Y) = \pi_s(2\overline{X}_i) = 1.1286$. Somit ist das Nutzenprinzip ebenfalls nicht homogen, denn es gilt

$$1.1286 = \pi_s(2\overline{X}_i) \neq 2\pi_s(\overline{X}_i) = 1.042.$$

v) Die Nutzenfunktion

$$v(x) = x - 0.001x^2$$

ist für $x < 500$ streng monoton steigend und konkav. Es gilt für $x < 500$

$$v(0) = 0,$$
$$v'(x) = 1 - 0.002x > 0 \text{ und}$$
$$v''(x) = -0.002 < 0.$$

Es seien $\overline{X}_i$, $\overline{X}_k$ unabhängig und $\overline{X}_k = \overline{X}_i \sim Exp(0.01)$ Exponential-verteilt, damit ergibt sich

$$\mathbb{E}(\overline{X}_i) = \mathbb{E}(\overline{X}_k) = \frac{1}{0.01} = 100, \text{ und } \mathbb{E}(\overline{X}_i^2) = \mathbb{E}(\overline{X}_k^2) = \frac{2}{(0.01)^2} = 20000.$$

$\mathbb{E}(\overline{X}_i^2) = \frac{2}{\beta^2}$ ergibt sich aus $\mathbb{E}(\overline{X}_i^2) = \varphi_{\overline{X}_i}''(0)$. Es gilt für $\beta > t$

$$\varphi_{\overline{X}_i}(t) = \int_0^\infty \beta e^{x(t-\beta)} dx = \frac{\beta}{\beta - t}$$

und damit

$$\varphi_{\overline{X}_i}''(t)\Big|_{t=0} = \frac{2\beta}{(\beta - t)^3}\Big|_{t=0} = \frac{2}{\beta}.$$

Es lässt sich die Prämie $\pi(\overline{X})$ für den Repräsentanten $\overline{X}$ berechnen durch

$$v(s) = \mathbb{E}\left(v(s + \pi(\overline{X}) - \overline{X})\right)$$
$$\Leftrightarrow s - 0.001 \cdot s^2 = \mathbb{E}\left(s + \pi(\overline{X}) - \overline{X} - 0.001(s + \pi(\overline{X}) - \overline{X})^2\right)$$
$$\Leftrightarrow 0 = \pi(\overline{X})^2 - (-2s + 1000 + 2\mathbb{E}(\overline{X}))\pi(\overline{X}) + (1000 - 2s)\mathbb{E}(\overline{X}) + \mathbb{E}(\overline{X}^2)$$
$$\Leftrightarrow 0 = \pi(\overline{X})^2 - a\pi(\overline{X}) + b\mathbb{E}(\overline{X}) + \mathbb{E}(\overline{X}^2)$$
$$\Rightarrow \pi(\overline{X}) = \frac{a}{2} \pm \sqrt{\left(\frac{a}{2}\right)^2 - (b\mathbb{E}(\overline{X}) + \mathbb{E}(\overline{X}^2))}$$

mit $a = -2s + 1000 + 2\mathbb{E}(\overline{X})$ und $b = 1000 - 2s$. Für die Reserve $s = 300$ ist die Prämie von $\overline{X}_i$ und somit auch von $\overline{X}_k$

$$\pi(\overline{X}_i) = \pi(\overline{X}_k) = \frac{600}{2} - \sqrt{\left(\frac{600}{2}\right)^2 - 60000} = 126.795.$$

Für $\overline{X}_i + \overline{X}_k$ ist der Erwartungswert und zweite Moment

$$\mathbb{E}(\overline{X}_i + \overline{X}_k) = \mathbb{E}(\overline{X}_i) + \mathbb{E}(\overline{X}_k) = 200 \text{ und}$$
$$\mathbb{E}((\overline{X}_i + \overline{X}_k)^2) = \mathbb{E}(\overline{X}_i^2) + 2\mathbb{E}(\overline{X}_i)\mathbb{E}(\overline{X}_k) + \mathbb{E}(\overline{X}_k^2) = 60000.$$

Damit ergibt sich die Prämie von $\overline{X}_i + \overline{X}_k$ mit

$$\pi(\overline{X}_i + \overline{X}_k) = \frac{800}{2} - \sqrt{\left(\frac{800}{2}\right)^2 - 140000} = 258.579.$$

Es gilt $258.579 = \pi(\overline{X}_i + \overline{X}_k) \neq \pi(\overline{X}_i) + \pi(\overline{X}_k) = 253.59$ und somit ist das Nutzenprinzip nicht additiv.
Für das Nullnutzenprinzip mit $s = 0$ folgt

$$\pi(\overline{X}_i) + \pi(\overline{X}_k) = 2\left(\frac{1200}{2} - \sqrt{\left(\frac{1200}{2}\right)^2 - 120000}\right) = 220.204$$

und

$$\pi(\overline{X}_i + \overline{X}_k) = \frac{1400}{2} - \sqrt{\left(\frac{1400}{2}\right)^2 - 260000} = 220.417.$$

Das Nullnutzenprinzip ist somit ebenfalls nicht additiv.

vi) Mit dem Beispiel aus iv) ergibt sich, dass die Subadditivität für Nutzen- und Nullnutzenprinzip nicht erfüllt ist, denn es gilt $\pi(\overline{X}_k + \overline{X}_i) > \pi(\overline{X}_k) + \pi(\overline{X}_i)$ mit $\overline{X}_k = \overline{X}_i$.

vii) Sei $g(x)$ eine monoton fallende Funktion in x. Aus $\mathbb{P}(\overline{X}_i \leq x) \geq \mathbb{P}(\overline{X}_k \leq x)$ folgt dann

$$g(\overline{X}_i) \geq g(\overline{X}_k) \implies \mathbb{E}\left(g(\overline{X}_i)\right) \geq \mathbb{E}\left(g(\overline{X}_k)\right).$$

Mit $g = v(s + \pi(\overline{X}_i) - x)$ gilt

$$\mathbb{E}\left(v(s + \pi(\overline{X}_k) - \overline{X}_k)\right) = v(s) = \mathbb{E}\left(v(s + \pi(\overline{X}_i) - \overline{X}_i)\right) \geq \mathbb{E}\left(v(s + \pi(\overline{X}_i) - \overline{X}_k)\right).$$

Da die Nutzenfunktion v monoton wachsend ist, folgt

$$\mathbb{E}\left(v(s + \pi(\overline{X}_k) - \overline{X}_k)\right) \geq \mathbb{E}\left(v(s + \pi(\overline{X}_i) - \overline{X}_k)\right) \implies \pi(\overline{X}_k) \geq \pi(\overline{X}_i).$$

Die Prämienprinzipien sind somit ordnungserhaltend.

Da das Nutzen- und Nullnutzenprinzip weder homogen noch additiv oder subadditiv ist, sind die Prinzipien wenig relevant.

4.2.8 Prämienprinzip aus der Ruinwahrscheinlichkeit

In Abschnitt 3.1 wird die Ruinwahrscheinlichkeit vorgestellt und aus Satz 6 folgt, dass die Prämie größer sein sollte als die Höhe des Erwartungswertes. Zunächst liefert die Cramér-Lundberg-Ungleichung eine Abschätzung für eine zulässige Ruinwahrscheinlichkeit ϵ, aus der sich eine Abschätzung für die Prämie $\pi = \pi_l$ ableiten lässt.

Satz 18: *(Cramér-Lundberg-Ungleichung) Sei s die Reserve in $t = 0$ und $R > 0$ die kleinste echt positive Zahl, sodass*

$$\varphi_{S_t - \pi}(R) = \mathbb{E}(e^{(S_t - \pi)R}) = 1$$

gilt. Außerdem sei $\pi > \mathbb{E}(S_t)$ und die Jahresgesamtschäden $S_t = \sum_{i=1}^{N(t)} X_{i(t)}$ seien unabhängig und identisch verteilt für $t \in \mathbb{N}$. Dann gilt für die Ruinwahrscheinlichkeit

$$\psi_T(s) \le e^{-Rs}$$

für alle $T \in \mathbb{N} \cup \{\infty\}$.

Beweis: Der Behauptung folgt mit vollständiger Induktion.

Induktionsanfang: Für $T = 1$ gilt mit $\mathbb{E}(e^{(S_t - \pi)R}) = 1$

$$
\begin{aligned}
\psi_1(s) &= \mathbb{P}(s + \pi - S_1 < 0 \text{ für } t = 1) = \mathbb{E}(\mathbb{1}(s + \pi - S_1 < 0 \text{ für } t = 1)) \\
&\le \mathbb{E}\left(\mathbb{1}(s + \pi - S_1 < 0)e^{(S_1 - \pi - s)R}\right) \\
&\le \mathbb{E}\left(e^{(S_1 - \pi)R}e^{-sR}\right) = \mathbb{E}\left(e^{(S_1 - \pi)R}\right)e^{-sR} \\
&= e^{-sR}
\end{aligned}
$$

Induktionsschritt für T nach $T + 1$:

$$
\begin{aligned}
\psi_{T+1}(s) &= \mathbb{P}(s + \sum_{\tau=1}^{t} \pi_\tau - \sum_{\tau=1}^{t} S_\tau < 0 \text{ für ein } t \in \{1, \dots, T+1\}) \\
&= \mathbb{P}(s + \pi - S_1 < 0)
\end{aligned}
$$

$$
\begin{aligned}
&+ \mathbb{P}(s + \pi - S_1 \ge 0 \text{ und } s + \sum_{\tau=1}^{t} \pi_\tau - \sum_{\tau=1}^{t} S_\tau < 0 \text{ für ein } t \in \{2, \dots, T+1\}) \\
&= \mathbb{P}(s + \pi - S_1 < 0)
\end{aligned}
$$

$$
\begin{aligned}
&+ \mathbb{P}(s + \pi - S_1 \ge 0 \text{ u. } s + \pi - S_1 + \sum_{\tau=2}^{t} \pi_\tau - \sum_{\tau=2}^{t} S_\tau < 0 \text{ f. e. } t \in \{2, \dots, T+1\}) \\
&= \mathbb{P}(s + \pi - S_1 < 0) + \mathbb{P}(s + \pi - S_1 \ge 0)\psi_{\tilde{T}}(s + \pi - S_1) \\
&\overset{IV}{\le} \mathbb{P}(s + \pi - S_1 < 0) + \mathbb{P}(s + \pi - S_1 \ge 0)e^{-(s + \pi - S_1)R} \\
&\le \mathbb{E}\left(\mathbb{1}(s + \pi - S_1 < 0)e^{-(s + \pi - S_1)R}\right) \\
&\quad + \mathbb{E}\left(\mathbb{1}(s + \pi - S_1 \ge 0)e^{-(s + \pi - S_1)R}\right) \\
&= \mathbb{E}\left[(\mathbb{1}(s + \pi - S_1 < 0) + \mathbb{1}(s + \pi - S_1 \ge 0))\left(e^{-(s + \pi - S_1)R}\right)\right] \\
&= \mathbb{E}\left(e^{(S_1 - \pi)R}\right)e^{-sR} = e^{-sR}
\end{aligned}
$$

$\square$

Angenommen die Voraussetzungen aus Satz 18 sind erfüllt, dann sei eine zulässige Ruinwahrscheinlichkeit $\epsilon = e^{-Rs}$. Damit lässt sich R auch aus

$$e^{-Rs} = \epsilon \Leftrightarrow Rs = -\ln \epsilon \Leftrightarrow R = \frac{1}{s}\ln\frac{1}{\epsilon}$$

berechnen. Die Bedingung $\varphi_{S_t - \pi}(R) = \mathbb{E}(\mathrm{e}^{(S_t - \pi)R}) = 1$ liefert die Prämie

$$\pi = \frac{1}{R} \ln \varphi_{S_t}(R),$$

denn für die deterministische Prämie π gilt

$$\mathbb{E}(\mathrm{e}^{(S_t - \pi)R}) = 1 \;\Leftrightarrow\; \left(\mathbb{E}(\mathrm{e}^{RS_t})\right)\mathrm{e}^{-R\pi} = 1 \;\Leftrightarrow\; \varphi_{S_t}(R)\mathrm{e}^{-R\pi} = 1$$

$$\Leftrightarrow\; -\pi R = \ln \frac{1}{\varphi_{S_t}(R)} \;\Leftrightarrow\; \pi = \frac{1}{R} \ln \varphi_{S_t}(R).$$

Die Taylorentwicklung an der Stelle $R = 0$ von $f(R) = \ln(\varphi_{S_t}(R))$ ist

$$\begin{aligned} f(R) &= f(0) + f'(0)R + f''(0)\frac{R^2}{2!} + f'''(0)\frac{R^3}{3!} + \dots \\ &= \ln(1) + (\ln \varphi_{S_t}(0))'R + (\ln \varphi_{S_t}(0))''\frac{R^2}{2!} + (\ln \varphi_{S_t}(0))'''\frac{R^3}{3!} + \dots \\ &= 0 + \mathbb{E}(S_t)R + \mathbb{V}(S_t)\frac{R^2}{2} + \mathbb{E}((S_t - \mathbb{E}(S_t))^3)\frac{R^3}{6} + \dots \\ &\approx \mathbb{E}(S_t)R + \mathbb{V}(S_t)\frac{R^2}{2}. \end{aligned}$$

Der zweitletzte Schritt folgt mit den Eigenschaften einer kumulantenerzeugenden Funktion aus Satz 2. Damit lässt sich die Kollektivprämie durch

$$\begin{aligned} \pi &= \frac{1}{R} \ln \varphi_{S_t}(R) \approx \frac{1}{R}\left(\mathbb{E}(S_t)R + \mathbb{V}(S_t)\frac{R^2}{2}\right) \\ &= \mathbb{E}(S_t) + \frac{R}{2}\mathbb{V}(S_t) \end{aligned}$$

bestimmen. In der Praxis müssen der Erwartungswert und die Varianz geschätzt werden, da die Berechnung von der kumulantenerzeugenden Funktion je nach Modell sehr schwierig ausfallen kann. Außerdem existiert bei Großschadenverteilung, wie der Pareto-Verteilung, R mit $\varphi_{S_t - \pi}(R) = 1$ nicht.

Definition 19: Der Gesamtschaden eines Portefeuilles für das Jahr t wird mit

$$S_t = \sum_{i=1}^{N} X_i$$

beschrieben. Außerdem sei das kollektive Modelle zugrunde gelegt, das heißt X_i für $i \in \mathbb{N}$ sind unabhängig identisch verteilt und unabhängig von N. Ein Prämienprinzipien $\pi(S_t)$ mit

$$\pi(S_t) := \mathbb{E}(S_t) + \frac{R}{2}\mathbb{V}(S_t)$$

für die Kollektivprämie mit $R \in (0, \infty)$ aus $\varphi_{S_t - \pi}(R) = 1$ heißt *Prämienprinzip aus der Ruinwahrscheinlichkeit*.

Es soll weiterhin eine versicherbare Prämie vorliegen. Da die Kollektivprämie für ein Portefeuille berechnet wird, ist die kollektive Prämie die Kollektivprämie durch die Anzahl der Versicherungsverträge in dem Portefeuille. Bei einem homogenen Portefeuille stimmen die kollektiven und individuelle Prämie überein. Für die Eigenschaften des Prämienprinzips ergibt sich:

i) Damit die Kollektivprämie erwartungswertübersteigend ist, muss

$$\pi(S_t) = \mathbb{E}(S_t) + \frac{R}{2}\mathbb{V}(S_t) > \mathbb{E}(S_t)$$

gelten. Mit $R > 0$ und $\mathbb{V}(S_t) > 0$ ist die Eigenschaft erfüllt.

ii) Da es sich bei der Prämie um eine Kollektivprämie handelt, muss für Maximal-schadenbegrenztheit

$$\pi(S_t) \leq x_{max} = \inf\{x \in \mathbb{R} | F_{S_t}(x) = 1\}$$

gelten. Seien X_i mit $i \in \mathbb{N}$ unabhängig und identisch verteilt und unabhängig zu N. Es ist $X_i \sim Exp(\beta)$ Exponential-verteilt und daher ist $Z = X_1 + \cdots + X_n$ mit $Z \sim Erl(\beta, n)$ Erlang-verteilt. Außerdem ist $N \sim \pi(\lambda)$ Poisson-verteilt. Für

$$R = \frac{1}{s}\ln\frac{1}{\epsilon}$$

lässt sich die Prämie durch

$$\pi(S_t) = \mathbb{E}(S_t) + \frac{R}{2}\mathbb{V}(S_t)$$

$$= \mathbb{E}(N)\mathbb{E}(X_1) + \frac{1}{2}\left(\frac{1}{s}\ln\frac{1}{\epsilon}\right)\left((\mathbb{E}(X_1))^2\mathbb{V}(N) + \mathbb{E}(N)\mathbb{V}(X_1)\right)$$

$$= \frac{\lambda}{\beta} + \left(\frac{1}{s}\ln\frac{1}{\epsilon}\right)\frac{\lambda}{\beta^2}$$

berechnen. Es ergibt sich für die Verteilungsfunktion

$$F_{S_t} = \sum_{n=0}^{\infty}\mathbb{P}(N = n)\mathbb{P}\left(\sum_{i=1}^{n}X_i \leq x\right) = \sum_{n=0}^{\infty}\mathbb{P}(N = n)\mathbb{P}(Z \leq x)$$

$$= \sum_{n=0}^{\infty}\left(e^{-\lambda}\frac{\lambda^n}{n!}\right)\left(1 - e^{-\beta x}\sum_{i=1}^{n}\frac{(\lambda s)^i}{i!}\right).$$

Sei $\beta = 1.1$ und $\lambda = 1$, dann gilt für die ersten fünf Summanden von F_{S_t} und $s = 10$ schon $F_{S_t} \approx 1$, daher folgt $x_{max} = \inf\{x \in \mathbb{R} | F_{S_t}(x) = 1\} = 10$. Die Prämie ist mit der Ruinwahrscheinlichkeit $\epsilon = 0.00001$ und der Reserve $s = 0.5$

$$\pi(S_t) = \frac{\lambda}{\beta} + \left(\frac{1}{s}\ln\frac{1}{\epsilon}\right)\frac{\lambda}{\beta^2} = 19.94 > 10,$$

damit ist das Prämienprinzip nicht maximalschadenbegrenzt.

iii) Aus

$$\pi(S_t + c) = \mathbb{E}(S_t + c) + \frac{R}{2}\mathbb{V}(S_t + c)$$

$$= \mathbb{E}(S_t) + \frac{R}{2}\mathbb{V}(S_t) + c = \pi(S_t) + c.$$

folgt die Translationsinvarianz der Kollektivprämie.

iv) Mit den Eigenschaften der Varianz ist das Prämienprinzip aus der Ruinwahrschein-lichkeit nicht homogen. Denn es gilt

$$\pi(kS_l) = \mathbb{E}(kS_l) + \frac{R}{2}\mathbb{V}(kS_l) = k\mathbb{E}(S_l) + \frac{R}{2}k^2\mathbb{V}(S_l)$$

$$\neq k\mathbb{E}(S_l) + \frac{R}{2}k\mathbb{V}(S_l) = k\pi(S_l)$$

für alle $k > 0$, $R > 0$.

v) Für unabhängige S_l, S_k gilt mit den Eigenschaften von Erwartungswert und Varianz

$$\pi(S_l + S_k) = \mathbb{E}(S_l + S_k) + \frac{R}{2}\mathbb{V}(S_l + S_k)$$

$$= \mathbb{E}(S_l) + \mathbb{E}(S_k) + \frac{R}{2}\mathbb{V}(S_l) + \frac{R}{2}\mathbb{V}(S_k) = \pi(S_l) + \pi(S_k),$$

somit ist das Prämienprinzip aus der Ruinwahrscheinlichkeit additiv.

vi) Die Subadditivität ist ebenfalls erfüllt, denn für unabhängige S_l, S_k gilt insbesondere

$$\pi(S_l + S_k) = \mathbb{E}(S_l + S_k) + \frac{R}{2}\mathbb{V}(S_l + S_k)$$

$$\leq \mathbb{E}(S_l) + \mathbb{E}(S_k) + \frac{R}{2}\mathbb{V}(S_l) + \frac{R}{2}\mathbb{V}(S_k) = \pi(S_l) + \pi(S_k).$$

vii) Damit das Prämienprinzip ordnungserhaltend ist, muss für

$$S_l = \sum_{i=1}^{N_l} X_i \leq_{st} S_k \sum_{i=1}^{N_k} X_k$$

gelten

$$\pi(S_l) \leq \pi(S_k).$$

Für folgendes Beispiel ist die Eigenschaft erfüllt. Es ist $X_i \sim Exp(2)$, $X_k \sim Exp(2)$ Exponential-verteilt und daher ist $X_1 + \cdots + X_n = Z \sim Erl(2, n)$ Erlang-verteilt. Außerdem sind $N_i \sim \pi(1)$ und $N_k \sim \pi(2)$ Poisson-verteilt. Es ergibt sich mit $s = 10$ und $\epsilon = 0.00001$

$$\pi(S_l) = \mathbb{E}(S_l) + \frac{R}{2}\mathbb{V}(S_l)$$

$$= \frac{1}{2} + \left(\frac{1}{s}\ln\frac{1}{\epsilon}\right)\frac{1}{2^2} = 0.79$$

und

$$\pi(S_k) = \mathbb{E}(S_k) + \frac{R}{2}\mathbb{V}(S_k)$$

$$= \frac{2}{2} + \left(\frac{1}{s}\ln\frac{1}{\epsilon}\right)\frac{2}{2^2} = 1.58$$

Es gilt somit

$$\pi(S_t) \leq \pi(S_k).$$

Eine allgemeine Aussage zu erzielen ist schwierig, da $\mathbb{P}\left(\sum_{i=1}^{n} X_i \leq x\right)$ meist nicht berechenbar ist.

Insgesamt erfüllt das Prämienprinzip aus der Ruinwahrscheinlichkeit viele der gewünschten Eigenschaften. Anhand von zwei Beispielen wurde deutlich, dass die Maximalschadenbegrenztheit nicht erfüllt ist, aber es für ein Beispiel ordnungserhaltend ist. Das Prämienprinzip dient hier lediglich der theoretischen Betrachtung, da in vielen Fällen die praktische Anwendung schwierig ist.

5 Zusammenfassung

Geht man von einem Kollektiv aus, tritt bei positiver Varianz des Gesamtschadens und einer Prämie, die kleiner oder gleich dem Erwartungswert des Gesamtschadens ist, mit Wahrscheinlichkeit eins einmal der Ruin des Unternehmens ein. Die Bruttorisikoprämie setzt sich daher aus dem Erwartungswert des Risikos und einem Sicherheitszuschlag zusammen. Eine individuelle und damit faire Prämie zu bestimmen, ist aufgrund einer fehlenden individuellen Datengrundlage und einem oft inhomogen Kollektiv in vielen Fällen schwierig. Dieses Problem findet bei den Prämienprinzipien zunächst keine Beachtung. Die Theorie zu Bonus-Malus-Systemen und die Erfahrungstarifierung beschäftigen sich eingehender mit der Ermittlung einer möglichst fairen individuellen Prämie. Zu den vorgestellten Prämienprinzipien wurden ihre Eigenschaften ermittelt und bis zu einem gewissen Grad ihre Anwendbarkeit eingeordnet. Die Ergebnisse aus Abschnitt 4 sind in Tabelle 1 zusammengefasst. Die Erfüllung von vie-

Tabelle 1: Prämienprinzipien und ihre Eigenschaften

Prämienprinzip:	Eigenschaften						
	ew-üb	*mx-be*	*tra-in*	*ho*	*add*	*subad*	*ord*
Nettorisikoprinzip	x	✓	✓	✓	✓	✓	✓
Erwartungswertprinzip	✓	x	x	✓	✓	✓	✓
Standardabweichungsprinzip	✓	x	✓	✓	x	✓	x
Varianzprinzip	✓	x	✓	x	✓	✓	x
Reines Quantilprinzip	x	✓	✓	✓	x	x	✓
Gemischtes Quantilprinzip	x	✓	✓	✓	x	x	✓
Nutzen- und Nullnutzenprinzip	✓	✓	✓	x	x	x	✓
... aus Ruinwahrscheinlichkeit	✓	x	✓	✓	✓	✓	(✓)

len der gewünschten Eigenschaften spricht nicht ausschließlich für die Eignung eines Prämienkalkulationsprinzips. In der Praxis kann beispielsweise Konkurrenzdruck ein Versicherungsunternehmen veranlassen, die Prämie so weit zu senken, dass sie nicht mehr erwartungswertübersteigend ist. Der mathematische Ansatz ist daher nicht allein maßgebend für die Kalkulation einer Prämie.

Literatur

BÜHLMANN, Hans: *Mathematical methods in risk theory*. Berlin [u.a.] Springer, 1996 (Die Grundlehren der mathematischen Wissenschaften in Einzeldarstellungen mit besonderer Berücksichtigung der Anwendungsgebiete: 172).

DEELSTRA, Griselda ; PLANTIN, Guillaume: *Risk Theory and Reinsurance*. London s.l. Springer London, 2014 (EAA Series).

GATTO, Riccardo: *Stochastische Modelle der aktuariellen Risikotheorie - Eine mathematische Einführung*. Berlin Heidelberg New York : Springer-Verlag, 2014.

HEILMANN, Wolf-Rüdiger: *Grundbegriffe der Risikotheorie / Wolf-Rüdiger Heilmann*. Karlsruhe Verl. Versicherungswirtschaft,, 1987.

REITZNER, Matthias: *Einführung in die Schadenversicherungsmathematik*, 2017.

SCHMIDT, Klaus D.: *Versicherungsmathematik : mit 16 Tabellen*. Berlin, Heidelberg Springer-Verlag Berlin Heidelberg, 2006 (Springer-Lehrbuch).